Eberhard Kiesche

Betriebliches Gesundheitsmanagement

Betriebs- und Dienstvereinbarungen
Analyse und Handlungsempfehlungen

Eine Schriftenreihe der Hans-Böckler-Stiftung

Eberhard Kiesche

Betriebliches Gesundheitsmanagement

BUND
VERLAG

Bibliografische Information der Deutschen Nationalbibliothek
Die Deutsche Nationalbibliothek verzeichnet diese Publikation in der Deutschen Nationalbibliografie; detaillierte bibliografische Daten sind im Internet über http://dnb.d-nb.de abrufbar.

Redaktion: Dr. Manuela Maschke, Hans-Böckler-Stiftung
Herstellung: Birgit Fieber
Umschlaggestaltung: Neil McBeath, Stuttgart
Satz: Dörlemann Satz, Lemförde
Druck: CPI books Ebner & Spiegel, Ulm
Printed in Germany 2013
ISBN 978-3-7663-6274-2

www.bund-verlag.de
www.boeckler.de/betriebsvereinbarungen

Inhaltsverzeichnis

Vorwort

Wachsender Zeitdruck, viele Termine, wenige Pausen, neue Aufgaben, hohe Erwartungen, viel Verantwortung, usw. Die moderne Arbeitswelt kann krank machen – zumindest zeitweilig. Viele Beschäftigte werden nicht bis zum 67. Lebensjahr arbeiten können. Kann es gelingen, die Arbeitsbedingungen so zu gestalten, dass Beschäftigte möglichst wenig fehlbelastet werden? Wie kann die individuelle Motivation für die Gesunderhaltung gestärkt werden? Und vor allem: Wie können Prozesse und Strukturen gestaltet werden, dass die verschiedenen Pflichten im betrieblichen Arbeits- und Gesundheitsschutz erfüllt werden und die handelnden Akteure ihre Arbeit besser machen können?
Man braucht eine BGM-Strategie, das Engagement des Top-Managements, konkrete und überprüfbare Ziele und das BGM im Unternehmensleitbild sowie in den Führungsgrundsätzen. Ein strategischer Ansatz ist eine wichtige Rahmenbedingung für das Gelingen. Alles kann gelingen, jedoch nur mit den Beschäftigten und ihren Interessenvertretungen.
Für die Analyse wurden 125 betriebliche Vereinbarungen der Jahre 1980 bis 2011 ausgewertet. Es wird gezeigt, welche Regelungstrends zur Gestaltung des BGM bestehen und wie die betrieblichen Akteure das Thema aufgreifen. Mit den Analysen verfolgen wir nicht das Ziel, Regelungen zu bewerten, die Hintergründe und Strukturen in den Betrieben und Verwaltungen sind uns nicht bekannt. Ziel ist es, betriebliche Regelungspraxis abzubilden, Trends aufzuzeigen, Hinweise und Anregungen für die Gestaltung eigener Vereinbarungen zu geben.
Weitere Hinweise und Informationen zu unseren Auswertungen finden Sie im Internet unter www.boeckler.de/betriebsvereinbarungen.

Wir wünschen eine anregende Lektüre!

Dr. Manuela Maschke

Abkürzungsverzeichnis

AGG	Allgemeines Gleichbehandlungsgesetz
AGS	Arbeits- und Gesundheitsschutz
ArbSchG	Arbeitsschutzgesetz
ArbMedVV	Arbeitsmedizinische Vorsorgeverordnung
ArbStättV	Arbeitsstättenverordnung
ASA	Arbeitsschutzausschuss
ASiG	Arbeitssicherheitsgesetz
AU	Arbeitsunfähigkeit
BAG	Bundesarbeitsgericht
BAuA	Bundesanstalt für Arbeitsschutz und Arbeitsmedizin
BDSG	Bundesdatenschutzgesetz
BetrVG	Betriebsverfassungsgesetz
BEM	Betriebliches Eingliederungsmanagement
BGB	Bürgerliches Gesetzbuch
BGF	Betriebliche Gesundheitsförderung
BGM	Betriebliches Gesundheitsmanagement
BildscharbV	Bildschirmarbeitsverordnung
BPersVG	Bundespersonalvertretungsgesetz
BR	Betriebsrat
BVerwG	Bundesverwaltungsgericht
BVW	Betriebliches Vorschlagswesen
DGUV V2	Deutsche Gesetzliche Unfallversicherung, Vorschrift 2
DIN	Deutsches Institut für Normung
DIN EN	Deutsches Institut für Normung Europäische Norm
GBV	Gesamtbetriebsvereinbarung
ISO	International Organization für Standardization
KBR	Konzernbetriebsrat
KGSt	Kommunale Gemeinschaftsstelle für Verwaltungsvereinfachung

KRG	Krankenrückkehrgespräche
KVP	Kontinuierliche Verbesserung
LAG	Landesarbeitsgericht
PR	Personalrat
QM	Qualitätsmanagement
SBV	Schwerbehindertenvertretung
SGB	Sozialgesetzbuch
VG	Verwaltungsgericht
WD	Werksärztlicher Dienst
WHO	Weltgesundheitsorganisation

1. Rahmenbedingungen

Arbeitswelt im Wandel – Anstöße für ein erneuertes betriebliches Gesundheitsmanagement

Die Betriebs- und Dienstvereinbarungen zum betrieblichen Gesundheitsmanagement (BGM, → Glossar) reagieren auf die sich wandelnden Rahmenbedingungen in der Gesellschaft, im Recht und in der Wissenschaft. Im Folgenden wird aufgezeigt, welche Änderungen in den Rahmenbedingungen für die Einführung eines BGM in den letzten Jahren von Bedeutung waren und wie sie sich in Betrieben, Dienstleistungsorganisationen und in der Öffentlichen Verwaltung widerspiegeln (vgl. Badura et al., 2010, S. 9ff.).

Aufgrund der Finanz- und Wirtschaftskrise 2008/2009 führte Personalabbau in vielen Branchen, Unternehmen und Betrieben zu einer wachsenden Arbeitsplatzunsicherheit. Permanente Restrukturierung im Sinne von Rationalisierung ist nach wie vor in vielen Industriebetrieben die Regel. Die anhaltende Rationalisierung führt dazu, dass immer weniger Beschäftigte immer mehr leisten müssen. Die ständige Angst vor Arbeitsplatzverlust verunsichert die Beschäftigten dauerhaft.

Arbeitsverdichtung, beschleunigte Arbeitsprozesse, zunehmender sowie andauernder Zeit- und Leistungsdruck (vgl. Haubl/Voß 2008) sind Ursachen dafür, dass Beschäftigte sich an die schlechten Arbeitsbedingungen anpassen müssen und dadurch krank werden. Hinzu kommen unsichere Arbeitsbedingungen: Prekäre Arbeitsverhältnisse, z. B. Werkverträge, befristete Arbeitsverträge oder Leiharbeit, nehmen inzwischen in fast allen Branchen zu. Psychische Belastungen (→ Glossar) und Erkrankungen steigen seit Jahren an (vgl. Badura et al. 2010, S. 11ff.; Oppolzer 2010, S. 85ff.).

Zudem sind die Auswirkungen des demografischen Wandels in den Betrieben sichtbar. Die Mitarbeiterinnen und Mitarbeiter werden immer älter, das heißt: Die fortschreitende demografische Alterung in Betrieben, Organisationen und Verwaltungen führt zu einer erkennbaren Ver-

schiebung der Altersstruktur. In Folge der Alterung der Erwerbstätigen drohen die Fehlzeiten aufgrund von krankheitsbedingten Einschränkungen der Leistungsfähigkeit älterer Beschäftigter anzusteigen (Badura et al. 2010, S. 20ff.).
Hinzu kommen die Auswirkungen des Strukturwandels von der Industrie- zur Dienstleistungs- und Wissensgesellschaft. Geistige und zwischenmenschliche Arbeit, Lernen, Wissen und Kooperation werden immer wichtiger. Gleiches gilt für den Umgang mit Kunden und Klienten (ebd., S. 16ff.). Durch den Strukturwandel nehmen physische Belastungen (→ Glossar) tendenziell ab, psychische Belastungen und Befindlichkeitsstörungen nehmen zu. Stress am Arbeitsplatz und Burnout sind inzwischen in der öffentlichen Diskussion ein Dauerbrenner. Auch der Wandel in den Krankheitsarten (→ Glossar), der sich in den Fehlzeitenreports der Krankenkassen zeigt, verdeutlicht diese Entwicklung.
Im öffentlichen Dienst werden erforderliche Investitionen nicht getätigt und mit immer weniger Personal immer mehr Aufgaben bewältigt. Zwangsläufige Konsequenzen: Demotivation, Mitarbeiter-Fluktuation und ansteigende Fehlzeiten (vgl. Badura/Steinke 2009; Meister-Scheufelen 2012). Von den Anstrengungen für die Verwaltungsreform bleibt nicht mehr viel für die Beschäftigten übrig, da diese Modernisierungsstrategie wesentlich der Rationalisierung und Kostenreduzierung diente. Krankenhäuser werden privatisiert und geraten zunehmend unter immer größeren Kostendruck.

Auswirkungen des Wandels in Betrieb, Organisation und Verwaltung

Die geschilderten Entwicklungen werden von manchen Arbeitgebern und Beschäftigten mit einer Strategie des Medikamenten-»Doping« am Arbeitsplatz und der Befürwortung von Präsentismus (→ Glossar) – zur Arbeit gehen trotz Erkrankung – beantwortet. Immer mehr Arbeitnehmer nehmen ständig Medikamente und gehen »gedopt« zur Arbeit.
Präsentismus nimmt zu und kann zu verheerenden Produktivitätsverlusten führen (vgl. Steinke/Badura 2011). Die negativen betriebswirtschaftlichen Folgen werden von Arbeitgebern oftmals nicht gesehen. Bei den Betriebsparteien wächst jedoch allmählich die Einsicht, dass Medikamenten-Doping und Präsentismus krank machen und stattdessen auf die Entwicklung eigener betrieblicher Gesundheitsprogramme und geeigneter Managementstrukturen zu setzen ist. Die Beschäftigungsfähig-

keit der Mitarbeiterinnen und Mitarbeiter erhalten und fördern – diese Themen rücken in den letzten Jahren stärker in den Mittelpunkt.
Die Arbeitsorganisation wird seit Jahren in Dienstleistungsorganisationen, Industriebetrieben, Verwaltungen und sozialen Unternehmen so ausgerichtet, dass dem Bedarf an Selbstorganisation und Kooperation der Beschäftigten stärker Rechnung getragen wird. Damit die Beschäftigten hierzu befähigt werden, benötigen sie soziale Kompetenzen und Teamfähigkeit. Unternehmen und Verwaltungen haben dementsprechende Strategien entwickelt, um diesen Trend zur intrinsischen Motivation (→ Glossar) und Selbstorganisation zu unterstützen. Sie legen wieder Wert auf gemeinsame Überzeugungen, Werte, Regeln und damit auf die Identifikation mit den Unternehmenszielen.
Die Beschäftigten benötigen zur Stressvorbeugung kollegiale Unterstützung, besonders durch das mittlere Management und durch die Kolleginnen und Kollegen. Die direkten Vorgesetzten sollen dabei einerseits auf die Gesundheit (→ Glossar) der Beschäftigten achten und andererseits die Ziele des Top-Managements in der gesamten Organisation durchsetzen. Dieser Konflikt kann beim mittleren Management zu Stress und arbeitsbedingten Erkrankungen führen.
Auf die Alterung der Belegschaften bzw. den demografischen Wandel im Betrieb sowie auf den Fachkräftemangel reagieren viele Verantwortliche und Betriebsparteien mit einer Offensive zur Eingliederung (→ Glossar) von erkrankten und schwerbehinderten Beschäftigten. Immer mehr Betriebe gehen aktuell dazu über, die Anforderungen des § 84 Abs. 2 SGB IX umzusetzen und das betriebliche Eingliederungsmanagement (BEM, → Glossar) in die betriebliche Gesundheitspolitik (→ Glossar) einzubauen.
Die Bedeutung der Vereinbarkeit von Familie und Beruf wird zunehmend gesellschaftlich und betrieblich erkannt, was sich z. B. an gesetzlichen Initiativen oder an verstärkten Teilzeitangeboten der Betriebe, Dienstleistungsorganisationen und Verwaltungen ablesen lässt. Eltern- und Pflegezeit sind hier nur zwei Stichworte.

Rechtliche Anstöße für ein ganzheitliches BGM

2004 trat § 84 Abs. 2 SGB IX zum BEM in Kraft. Es verging einige Zeit, bis sich die Betriebsparteien um diese Rechtspflicht des Arbeitgebers intensiver kümmerten. Beschäftigte mit mehr als 42 Tagen Arbeitsunfähigkeit innerhalb der letzten zwölf Monate haben seit 2004 Anspruch auf die Durchführung eines BEM. Aktuell werden immer öfter Betriebs- und Dienstvereinbarungen abgeschlossen, in denen das BEM als Teil einer betrieblichen Gesundheitspolitik verstanden wird. Für das BEM als »betriebliche Erfolgsgeschichte« hat das Bundesarbeitsgericht (BAG) mit einer Vielzahl von Entscheidungen den Boden bereitet und 2012 endgültig die Mitbestimmung des Betriebsrats im BEM gesichert.

Ähnliche Entwicklungen sind für den öffentlich-rechtlichen Arbeitsschutz zu beobachten. Für die Gefährdungsbeurteilung nach §§ 5 und 6 ArbSchG und für Unterweisungen gemäß § 12 ArbSchG hat das BAG wegweisende Entscheidungen in den Jahren 2004 und 2008 getroffen. Dies motiviert augenscheinlich viele Betriebsparteien dazu, jetzt die ganzheitliche Gefährdungsbeurteilung unter Einbezug der psychischen Belastungen in Angriff zu nehmen und menschengerechte Arbeit anzustreben. Insbesondere ist aktuell zu beobachten, dass die Einigungsstellenverfahren im Bereich der Gefährdungsbeurteilung zunehmen.

Zudem hat die DGUV Vorschrift 2 über die Einsatzzeiten und Aufgaben der Betriebsärzte und Fachkräfte für Arbeitssicherheit Themen wie z. B. die Gefährdungsbeurteilung und die Entwicklung eines BGM in branchenbezogene Checklisten aufgenommen. Hierdurch ergeben sich seit Anfang 2011 wichtige Anstöße und rechtliche Handlungsmöglichkeiten für eine integrierte Gesundheitspolitik. Auf politischer Ebene hat die Gemeinsame Deutsche Arbeitsschutzstrategie (GDA-Portal, Stand 2011) gemeinsame GDA-Leitlinien zur »Gefährdungsbeurteilung und Dokumentation« und zur »Beratung und Überwachung bei Psychischer Belastung am Arbeitsplatz« verabschiedet. Sie müssen die zuständigen Aufsichtsbehörden bei Prüfungen berücksichtigen. Die Umsetzung der rechtlichen Vorgaben zur Gefährdungsbeurteilung wird somit ein immer wichtigeres Element des BGM (Bamberg et al. 2011, S. 159; Faller 2012, S. 42ff.).

Krankenkassen sind inzwischen (wieder) rechtlich legitimiert, betriebliche Strategien zum Gesundheitsmanagement zu unterstützen. Sie entwickeln gemäß § 20a SGB V für Beschäftigte Angebote, die auf individuelle Prävention (→ Glossar) abzielen. Hierauf hat die Steuergesetzgebung reagiert (Bamberg et al. 2011, S. 119). Krankenkassen helfen mit Prozessbegleitung und Seminarangeboten u. a. bei der Umsetzung des BEM oder der Entwicklung von BGM-Projekten (→ Glossar). Krankenkassen und Unfallversicherungsträger haben nach § 20b SGB V bei der Prävention arbeitsbedingter Erkrankungen zusammenzuarbeiten. Bislang fehlt noch als wichtige Ergänzung des öffentlich-rechtlichen Arbeitsschutzes eine Stressvorbeugungs-Verordnung (Reusch 2012, S. 5), die zurzeit aufgrund einer IG-Metall-Initiative politisch diskutiert wird.

Ausgewählte neue Erkenntnisse der Wissenschaft

Die Arbeits-, Organisations- und Gesundheitswissenschaften haben die letzten zehn Jahre genutzt, um betriebliche Erfahrungen mit Projekten zum BGM und zur betrieblichen Gesundheitsförderung (BGF, → Glossar) systematisch auszuwerten, Vorzeigebetriebe und -verwaltungen zu untersuchen und neue Standards für das BGM zu entwickeln. Dafür liefern sie wissenschaftliche Begründungen (Badura et al. 2010), weisen den Wandel in den Krankheitsarten nach und dokumentieren den neuen Anstieg der Fehlzeiten in den letzten Jahren. Sie belegen die Phänomene des Medikamenten-Doping und des Präsentismus (Oppolzer 2010, S. 191 ff.; Steinke/Badura 2011).

Badura et al. (2010) entwickeln aufgrund langjähriger Beschäftigung mit betrieblicher Gesundheitspolitik Mindeststandards zum BGM. Hierzu gehört die Schärfung und Verwendung der Begriffe Betriebliches Eingliederungsmanagement (BEM), Betriebliches Gesundheitsmanagement (BGM) oder Betriebliche Gesundheitsförderung (BGF). Die Instrumente des BGM, die in den letzten Jahren im Vordergrund der Diskussion standen, sind aus Sicht der Wissenschaftler nicht mehr so entscheidend für seine Qualität. Der Arbeitskreis Gesundheit, Gesundheitszirkel (→ Glossar) bzw. Beteiligungsgruppen und der betriebliche Gesundheitsbericht sind ausreichend erforscht und in der Praxis gut erprobt (Faller 2012, S. 165 ff.).

Nach wie vor stehen Fehlzeiten im Fokus der Öffentlichkeit und des Managements. Badura et al. (2010, S. 4 und 141) empfehlen BGM-Verantwortlichen, sich grundsätzlich stärker auf Gesundheitsrisiken und -potenziale in der Organisation zu konzentrieren und Fehlzeitenanalysen zurückzustellen. Diese sagen nichts über die Ursachen der Erkrankungen im Arbeitsbereich aus. Wichtiger ist es, sich weniger auf die Senkung von Fehlzeiten und auf das Fehlzeitenmanagement zu konzentrieren, als vielmehr intensiver als bisher der Frage nachzugehen: Was macht eine gesunde Organisation aus? Pathogenetische Fragestellungen wie

»Welche Faktoren der Arbeit machen krank?« müssen aus Sicht der Wissenschaftler stärker durch salutogenetische Fragen ergänzt werden wie »Was erhält in gesunden Organisationen gesund?«. Konzeptionell sollten sich die Akteure des BGM von der Pathogenese zur Salutogenese hin orientieren (vgl. Walter 2007, S. 232). Die Wissenschaftler verschieben damit den Schwerpunkt von der einzelnen Person, der Verhaltensprävention (→ Glossar) und dem individuellen Gesundheitsbegriff hin zur Organisation als kooperativem sozialen System. Dabei sollen die Interventionsansätze möglichst miteinander verknüpft werden (Bamberg et al. 2011, S. 555). Es geht den Gesundheitswissenschaften heute stärker um das Setting von Gesundheit, das heißt: um die betrieblichen Umstände, in denen Menschen gesund bleiben und menschengerecht arbeiten können; mit anderen Worten um »gesunde Mitarbeiter in gesunden Organisationen«.

Für die Verwirklichung eines sozialverträglichen und nutzbringenden BGM in den Betrieben, Dienstleistungsorganisationen und Verwaltungen gibt es keinen »inhaltlichen Königsweg«. Mit welchen konkreten Inhalten und Vorgehensweisen die jeweiligen Akteure ein BGM verwirklichen, hängt oftmals ab von den Branchen, dem Kenntnisstand der betrieblichen Akteure, den mikropolitischen Rahmenbedingungen und den Arten der Betriebe. Die Prioritätensetzung kann offenkundig nur vor Ort passieren und ein BGM ist immer ein ergebnisoffener Prozess. Die Wissenschaft schlägt zudem eine durchgängige Projektorientierung und Freiwilligkeit bei allen Projekten des BGM vor.

Insofern fokussiert die folgende Auswertung den Weg einer Organisation zu guten Inhalten und Problemlösungen des BGM: zu qualitätsorientierten Rahmenbedingungen, Strukturen, Verantwortlichkeiten und Prozessen einer nachhaltigen und dauerhaften Gesundheitspolitik in Betrieb, Dienstleistungsorganisation und Verwaltung. Es geht dabei vorrangig um ein planvolles, systematisches Vorgehen im Sinne eines Regelkreises mit dem Ziel, die Rahmenbedingungen für die Gesundheit in der Organisation kontinuierlich zu verbessern. Dies ist gleichzeitig eine Zielsetzung des Arbeitsschutzgesetzes (ArbSchG) und eine rechtliche Verpflichtung für die Arbeitgeber. Insofern liegt das Erkenntnisinteresse in dieser Untersuchung auf der Entwicklung, den Inhalten und dem Aufbau einer Rahmenbetriebsvereinbarung zum BGM mit dem Schwerpunkt auf Vorgaben der Betriebsparteien zu BGM-Strukturen und Prozessen.

Diagnose, Planung, Intervention und Evaluation (→ Glossar) sind unabdingbare Schritte bei allen Einzelprojekten des BGM. Die echte Beteiligung der Betroffenen als Experten ihrer Arbeitssituation ist ein weiterer wichtiger Prüfstein eines gelungenen BGM. Badura et al. (2010) plädieren des Weiteren für eine ganzheitlich integrierte und nachhaltige Strategie des BGM als ein betriebliches Dach, unter dem die wichtigsten Handlungsfelder des öffentlich-rechtlichen Arbeitsschutzes, der BGF und des betrieblichen Integrationsmanagements im Sinne von Sozialkapital (→ Glossar) zusammenwachsen. Nur so ist es möglich, die Fragen z. B. zum demografischen Wandel im Betrieb oder zur Vereinbarkeit von Beruf und Familie ganzheitlich zu beantworten.

2. Regelungsinhalte

2.1 Grundlagen des BGM

2.1.1 Klärung der Begriffe und Ziele der Vereinbarungen

Im Folgenden werden zunächst die verwendeten Begriffe geklärt sowie die allgemeinen Ziele, die die Betriebsparteien mit ihren Vereinbarungen zum BGM erreichen wollen.

Klärung der Begriffe

Die Begriffe Betriebliche Gesundheitsförderung und Betriebliches Gesundheitsmanagement werden in den untersuchten Vereinbarungen nicht immer exakt definiert und vielfach synonym, falsch oder zumindest nicht trennscharf genutzt. In den älteren Vereinbarungen wird überwiegend der Begriff Betriebliche Gesundheitsförderung genutzt (vgl. Giesert/Geißler 2003).

> »Diese Vereinbarung regelt Grundlagen der Planung, Einführung und Auswertung von allen Maßnahmen der betrieblichen Gesundheitsförderung, sie gilt zunächst für alle Beschäftigten des Werkes [Ort] mit Ausnahme der Leitenden Angestellten.«
>
> NACHRICHTENTECHNIK/UNTERHALTUNGS-, AUTOMOBILELEKTRONIK, 060700/195/2004

> »Geltungsbereich
> Diese Vereinbarung gilt für Planung, Durchführung und Auswertung von allen Maßnahmen des betrieblichen Gesundheitsmanagements. Die Vereinbarung gilt für alle Beschäftigten der [...] Universität.«
>
> BILDUNGSEINRICHTUNG, 060700/382/2009

Ziele der Vereinbarungen

Nachfolgend werden die Ziele dargestellt, die mit den Vereinbarungen zum BGM erreicht werden sollen. Dabei wird in den Vereinbarungen nicht immer sorgfältig zwischen Zielen der Vereinbarungen und Zielen des einzuführenden BGM unterschieden. Ziele der Betriebs- und Dienstvereinbarungen zum BGM (vormals BGF) sind u. a.:

- »Gesunde Mitarbeiter in gesunden Organisationen«
- Management-Strukturen und Prozesse im Unternehmen reorganisieren
- das Betriebsklima verbessern
- Gesundheit und Wohlbefinden der Beschäftigten erhalten und fördern
- durch betriebliche Investitionen in die Gesundheit Wertschöpfung und Zukunftssicherung erreichen
- den Demografischen Wandel gestalten
- die Vereinbarkeit von Beruf und Familie unterstützen.

In den Vereinbarungen wird das BGM zu Recht oft als Teil eines modernen Personalmanagements und als Dach für eine Vielzahl von gesundheitsbezogenen Handlungsfeldern angesehen, z. B. für den Arbeitsschutz, die BGF und das BEM. Die nachfolgende Vereinbarung zielt darauf ab, dieses schützende Dach zu bilden.

> »[...] Ausgangspunkt für alle Themenfelder auf dem Gebiet des betrieblichen Gesundheitsmanagements (BGM), das mit der jetzt vorliegenden Rahmenvereinbarung sein ›Dach‹ bekommen hat.«
>
> NACHRICHTENTECHNIK/UNTERHALTUNGS-, AUTOMOBILELEKTRONIK, 060700/195/2004

Das grundlegende Verständnis von BGM als Dach über den drei Säulen BGF, BEM und öffentlich-rechtlicher Arbeitsschutz einschließlich Arbeitsgestaltung ist meist jedoch weder explizit noch implizit zu finden. Betriebsparteien wollen mit ihrer Vereinbarung das BEM zugleich in ein Gesamtkonzept für Arbeits- und Gesundheitsschutz einbinden und damit als konkrete Säule des BGM benennen.

> »Die Parteien der Dienstvereinbarung sind sich darüber einig, dass das betriebliche Eingliederungsmanagement in ein Gesamtkonzept zum betrieblichen Arbeits- und Gesundheitsschutz einzubinden ist.«
>
> BILDUNGSEINRICHTUNG, 060700/117/0

Nachfolgend wird das BGM definiert und als Ziel der Vereinbarung festgehalten, Gesundheit und Wohlbefinden der Beschäftigten zu erhalten und zu fördern.

> »Betriebliches Gesundheitsmanagement ist die bewusste Steuerung und Integration aller betrieblichen Prozesse mit dem Ziel, die Gesundheit und das Wohlbefinden der Beschäftigten zu erhalten und zu fördern.«

GESUNDHEIT UND SOZIALES, 060700/98/2005

Im Folgenden soll die Vereinbarung dazu beitragen, dass mit einem ganzheitlichen BGM das Ziel »Gesunde Mitarbeiter in einer gesunden Organisation« erreicht wird. Das BGM ist der Weg dahin.

> »Betriebliches Gesundheitsmanagement
> Betriebliches Gesundheitsmanagement im Sinne einer ganzheitlichen Strategie umfasst alle Maßnahmen, die sowohl zur individuellen Gesundheit als auch zur ›gesunden‹ Organisation beitragen.«

ÖFFENTLICHE VERWALTUNG, 060700/181/2007

Im Folgenden definieren die Betriebsparteien eindeutige Arbeitsschwerpunkte als drei BGM-Säulen. Dabei wird zwischen Vorsorge, Förderung und Erhaltung unterschieden. Ziel dieser Vereinbarung ist es, die Notwendigkeit einer Zusammenarbeit der Betriebsparteien zu bekräftigen.

> »Organisation
> Die einzelnen Aufgabenschwerpunkte sind in 3 Säulen gegliedert:
> - Vorsorge: präventive Maßnahmen, z. B. Gesundheits- und Arbeitsschutzmanagement.
> - Förderung: Angebote wie Betriebssport, Gesundheitswochen usw.
> - Erhaltung: Leistungsgerechtes Arbeiten, Wiedereingliederung usw.
>
> Die Betriebsparteien werden im Rahmen der gesetzlichen Vorgaben zur Konkretisierung der vorgenannten Ziele zusammenarbeiten und gegebenenfalls entsprechende Vereinbarungen abschließen.«

GESUNDHEIT UND SOZIALES, 060700/333/2010

Es lassen sich weitere Ziele ableiten, wenn in der jeweiligen Präambel betriebsinterne Anlässe für das zu schaffende BGM erörtert werden. Je nach Branche wird die Notwendigkeit des BGM in weiteren Aspekten gesehen: z. B. in der Unterstützung der Verwaltungsreform, in der schwierigen Lage der öffentlichen Finanzen, in der privatwirtschaftlichen Umorientierung der Krankenhäuser, im demografischen Wandel, in der Herausforderung der Globalisierung oder im Fachkräftemangel.
Die folgende Betriebsvereinbarung sieht den Zusammenhang zwischen internationalem Wettbewerb und der Gesundheit der Beschäftigten. Die Gesundheit der Belegschaftsmitglieder soll durch die Vereinbarung eine wesentliche Grundlage aller Managemententscheidungen werden, so das Ziel der Betriebsparteien.

> »Um im internationalen Wettbewerb bestehen zu können, benötigt [die Firma] gut qualifizierte und körperlich sowie geistig gesunde Mitarbeiter. Ein Garant dafür stellt ein in das bestehende Managementsystem integriertes Gesundheitsmanagement dar. Ziel dabei ist, dass bei allen Managemententscheidungen neben der Verfolgung wirtschaftlicher Ziele die Gesundheit der [Firma] Belegschaftsmitglieder eine wesentliche Entscheidungsgrundlage darstellt.«
>
> METALLERZEUGUNG UND -BEARBEITUNG, 060700/166/2007

Für den öffentlichen Bereich zeigt sich in vielen Vereinbarungen eine enge Verknüpfung des Gesundheitsmanagements mit Zielen der jeweiligen Verwaltungsreform vor Ort. Es wird nachfolgend herausgestellt, dass die Verwirklichung der Ziele der Verwaltungsreform erhöhte Anforderungen an alle Beschäftigten stellt. Deshalb muss das BGM ein wichtiger Baustein der Verwaltungsreform sein. Allerdings sollte das BGM keinesfalls die Funktion zugewiesen bekommen, Personalabbau durch die Verwaltungsreform zu kaschieren oder zu legitimieren (Badura/Steinke 2009, S. 5 und 25–26).

»Gerade in Zeiten gewandelter, oft erhöhter Anforderungen an die Beschäftigten werden unterstützende Konzepte und Maßnahmen erforderlich. Insbesondere im Rahmen einer optimalen Personalentwicklung ist ein dienststelleninternes Gesundheitsmanagement von Bedeutung und als wichtiger Baustein der Verwaltungsreform aufzugreifen.«

Öffentliche Verwaltung, 060700/202/2009

Die folgende Regelung verweist auf die Notwendigkeit für die Betriebsparteien, sich aufgrund des demografischen Wandels – das heißt: aufgrund der im Durchschnitt immer älter werdenden Belegschaft – für ein BGM engagiert einzusetzen. Hierzu soll die folgende Vereinbarung beitragen.

»Auch vor dem Hintergrund der demografischen Entwicklung besteht gerade auf der Arbeitgeberseite dringender Handlungsbedarf, Instrumente und Maßnahmen zum Betrieblichen Gesundheitsmanagement zu entwickeln, um letztlich einem vorzeitigen Ausscheiden der im Durchschnitt immer älter werdenden Beschäftigten entgegenzuwirken. Dies war und ist Anlass und Verpflichtung, uns weiterhin intensiv mit der Arbeits- und Gesundheitssituation unserer Beschäftigten auseinanderzusetzen und uns engagiert um das Betriebliche Gesundheitsmanagement zu kümmern.«

Nachrichtentechnik/Unterhaltungs-, Automobilelektronik, 060700/195/2004

Die nächste Präambel formuliert den Gegenstand der Dienstvereinbarung als gemeinsame Ziele der Betriebsparteien. Sie konzentriert sich dabei auf die Schaffung von Rahmenbedingungen, Rollen und Strukturen eines wirksamen und nachhaltigen BGM. Mit der Vereinbarung wollen die Betriebsparteien einheitliche Voraussetzungen schaffen.

»Ziel dieser Dienstvereinbarung ist es, das Thema dauerhaft in den Strukturen der Stadt [Ort] zu verankern, die Rahmenbedingungen festzulegen, die jeweiligen Rollen zu klären und damit einheitliche Voraussetzungen für ein wirksames Betriebliches Gesundheitsmanagement zu schaffen.«

Öffentliche Verwaltung, 060700/239/2009

Nachfolgend sehen die Betriebsparteien die Notwendigkeit, das BGM systematisch in vorhandene Managementansätze zu integrieren. Sie benennen gleichzeitig Handlungsfelder für die Gestaltung einer gesunden Organisation. Dabei wird auch die Verhaltensprävention einbezogen. Vorrang hat aber die Verhältnisprävention (→ Glossar), da die »Gesunde Organisation« ein explizites Ziel darstellt.

> »Betriebliches Gesundheitsmanagement bezieht Gesundheit in das Leitbild, in die Führungskultur, in die Strukturen und in die Prozesse der Betriebsorganisation ein. Gesunde und motivierte Mitarbeiter/innen sind sowohl in sozialer wie ökonomischer Hinsicht Voraussetzung für die Erbringung eines zeitgemäßen und kundenorientierten Dienstleistungsangebots.
> Das BGM stellt die ›gesunde‹ Organisation in den Fokus ihres Handelns. Dies bedeutet, dass Arbeitsbedingungen, Kommunikationsstrukturen, Teamstrukturen, Arbeitsprozesse, Führungsverhalten auf das Wohlbefinden aller und eine gesundheitsförderliche Unternehmensentwicklung ausgerichtet sein sollen. Beschäftigte werden in der Förderung ihrer Gesundheit durch individuelle Angebote unterstützt.«

GESUNDHEIT UND SOZIALES, 060700/187/2008

Nachfolgend wird ebenfalls in der Bestimmung des BGM und bei den damit verfolgten Zielen die Gleichrangigkeit von Verhaltens- und Verhältnisprävention betont. Beide Begriffe werden definiert. Investitionen in die Prävention von Gesundheitsrisiken sind nach den Betriebsparteien Teil der Wertschöpfung des Unternehmens. Sie dienen der Zukunftssicherung.

> »Ein modernes Gesundheitsmanagement muss nach wissenschaftlichen Erkenntnissen sowohl auf Verhaltensprävention als auch auf Verhältnisprävention basieren. Verhaltensprävention zielt auf eine Veränderung gesundheitsgefährdender Gewohnheiten und Lebensstile des Einzelnen ab. Verhältnisprävention setzt an den Umwelt-, Arbeits- und Lebensbedingungen des Menschen an und zielt auf die Reduzierung und Beseitigung von Gesundheitsrisiken ab. Dabei werden alle aktuellen Informationen und weitere arbeitsmedizini-

sche Erkenntnisse berücksichtigt und umgesetzt. Die daraus abgeleiteten Maßnahmen dienen der Erhaltung der Gesundheit und der Steigerung des Wohlbefindens sowie der Beibehaltung der Leistungsfähigkeit der Arbeitnehmer am Arbeitsplatz. In diesem Sinne dient die vorliegende Regelung somit auch der Zukunftssicherung und Wertschöpfung des Unternehmens.«

GRUNDSTÜCKS- UND WOHNUNGSWESEN, 060700/379/2010

2.1.2 Betriebliches Verständnis von BGM und Zielvorstellungen

Nachstehend werden folgende Fragen untersucht: Inwieweit gehen die Betriebsparteien in ihren Vereinbarungen von Begriffsdefinitionen, Konzepten, Projekten und Modellen der Gesundheitswissenschaften aus? Inwieweit leiten sie daraus ihre Ziele des einzuführenden BGM ab? Inwieweit wird auf die Definition der Gesundheitsförderung in der Ottawa-Charta der WHO (→ Glossar) von 1986 (Setting-Ansatz), auf das Salutogenese-Konzept des Medizinsoziologen Antonovsky oder auf den Bielefelder-Sozialkapital-Ansatz (Badura et al. 2008a) zurückgegriffen?

Gemeinsames Verständnis von BGM

In dieser Dienstvereinbarung wird von BGF statt vom BGM ausgegangen. Anders als im Rahmen dieser Auswertung: Hier wird die BGF nur als eine untergeordnete Säule des BGM betrachtet.

»Die betriebliche Gesundheitsförderung (BGF) soll die notwendigen Voraussetzungen dafür schaffen und verbessern. Sie zielt in einem dauerhaften Prozess darauf ab, Krankheiten am Arbeitsplatz vorzubeugen, Gesundheitspotenziale zu stärken und das Wohlbefinden am Arbeitsplatz zu erhöhen.«

ÖFFENTLICHE VERWALTUNG, 060700/61/2001

In der nachfolgenden Dienstvereinbarung wird der Gesundheitsbegriff der Weltgesundheitsorganisation (WHO) als zu ideal oder utopisch kritisiert und gleichzeitig ein Bezug zu den Fragen hergestellt: Was erhält die Mitarbeiterinnen und Mitarbeiter gesund? Wie kann ihre Gesundheit positiv gefördert werden? Diese salutogenetische Perspektive wurde vom Medizinsoziologen Aaron Antonovsky entwickelt. Seit 1997 ist sie grundlegend für ein neues Verständnis von BGM. Sie wird hierbei ausdrücklich aufgenommen und interpretiert.

> »Diese Definition [...] geht von einem Idealzustand von Gesundheit aus, den so jedoch kaum jemand erlebt. Jeder Mensch hat gesunde und kranke Anteile in sich. Wohlbefinden ist immer ein subjektives Gefühl und das beschreibt jeder für sich selbst. Gesundheit bedeutet so verstanden ein Stadium des Gleichgewichts zwischen die Gesundheit belastenden und gesundheitsfördernden Faktoren (Salutogeneseansatz von Antonovsky). Dabei spielen die geistigen, körperlichen und sozialen Ressourcen des Einzelnen eine wichtige Rolle. Im Mittelpunkt steht die Frage, was beeinflusst unsere Gesundheit positiv, was können wir als Individuum dafür tun und weniger die Frage nach Krankheit.«
>
> ÖFFENTLICHE VERWALTUNG, 060700/181/2007

Ein weiteres Beispiel dafür, dass Betriebsparteien die salutogenetische Perspektive einnehmen und sich vom Individuum der Organisation und der Unternehmenskultur zuwenden, findet sich nachfolgend in der Privatwirtschaft. Hier wird ein richtungsweisendes Verständnis von betrieblicher Gesundheitspolitik, Personalpolitik, Humankapital und BGM formuliert. In dieser Firma soll der Mitarbeiter als Mensch Sinn und Anerkennung erfahren. Wenn diese Politik gelebt wird, kann der Mitarbeiter ein Kohärenzerleben entwickeln (Antonovsky 1997, S. 36).

> »Für das Unternehmen [...] sind die Mitarbeiter nicht Kostenfaktoren, sondern Erfolgsfaktoren. Sie sind für das Unternehmen wertvoll und sollten demzufolge auch entsprechend gepflegt werden.
> Eine Unternehmenskultur und -philosophie, die der Gesundheit der MitarbeiterInnen neben den wirtschaftlichen Unternehmenszielen gleichwertige Priorität beimisst, schafft ein positives Klima für eine umfassende gesundheitsförderliche Gesamtpolitik im Unternehmen. Diese Philosophie wird im Unternehmen [...] mit Leben gefüllt, indem die Entscheider aus der Überzeugung und Wertehaltung handeln, dass ein Unternehmen ein dynamisches, komplexes und soziales System darstellt. In diesem ist der Mensch nicht nur ein mecha-

nistisches Rädchen, das ausgetauscht werden kann, wenn es nicht mehr funktioniert; sondern das Unternehmen hat die Aufgabe, dem Mitarbeiter ein Umfeld zu bieten, in dem er Sinn und Anerkennung als Subjekt erfährt. In diesem Umfeld ist die Grundvoraussetzung eines erfolgreichen Gesundheitsmanagements erfüllt.«

FAHRZEUGHERSTELLER SONSTIGER FAHRZEUGE, 060700/174/2002

Nachfolgend beziehen sich die Betriebsparteien zwar auf das Verständnis der Gesundheitsförderung in der Ottawa-Charta. Sie schließen aber den öffentlich-rechtlichen Arbeitsschutz und die Wiedereingliederung nach dem SGB IX ausdrücklich in das BGM ein. Zudem bekennen sie sich zur menschengerechten Arbeitsgestaltung bzw. zur Humanisierung der Arbeitswelt, die als Zielbestimmung im ArbSchG zu finden ist. Alle diese Elemente bilden zusammen das strategische BGM in dieser öffentlichen Verwaltung.

»Auf der Grundlage dieser Definition der Weltgesundheitsorganisation (WHO) betrachten die Unterzeichner dieser Vereinbarung eine präventive und aktive Gesundheitsförderung und die Erfüllung der gesetzlich geregelten Pflichten zur Gewährleistung von Sicherheit und Gesundheitsschutz bei der Arbeit sowie die Eingliederung nach längerer Erkrankung und die Gestaltung menschengerechter Arbeitsbedingungen als ganzheitlichen Prozess und als wichtigen Beitrag zur Humanisierung der Arbeitswelt. Die Gesundheit zu erhalten und zu fördern, ist oberstes Ziel und Aufgabe eines strategischen Betrieblichen Gesundheitsmanagements.«

ÖFFENTLICHE VERWALTUNG, 060700/165/2007

Im Gegensatz dazu wird im folgenden Abschnitt einer Dienstvereinbarung der öffentlich-rechtliche Arbeitsschutz ausdrücklich ausgenommen. Dadurch kommt es in dieser Verwaltung nicht zu einer Integration der betrieblichen Handlungsfelder und Maßnahmen im Sinne eines ganzheitlich integrierten BGM.

»Die Regelungen zum Arbeitsschutz bleiben von dieser Rahmenvereinbarung unberührt. Dies gilt sowohl für die vom Dienstherrn/Arbeitgeber als auch für die von den Beschäftigten einzuhaltenden arbeitsschutzrechtlichen Pflichten.«

Öffentliche Verwaltung, 060700/352/2010

Ausführlich werden im Folgenden Schnittstellen eines ganzheitlichen BGM definiert. Sie stellen wesentliche Handlungsfelder und Managementbereiche dar und sollen aufeinander abgestimmt werden (vgl. Oppolzer 2010, S. 30).

»Das betriebliche Gesundheitsmanagement verfolgt einen ganzheitlichen Ansatz. Es weist Schnittstellen zu folgenden Handlungsfeldern auf:
- Betriebliche Gesundheitsförderung
- Arbeitsschutz
- Fehlzeitenmanagement
- Betriebliches Eingliederungsmanagement
- Personalentwicklung
- Organisationsentwicklung

Das betriebliche Gesundheitsmanagement verzahnt die in diesen Handlungsfeldern gewonnenen Erkenntnisse.«

Öffentliche Verwaltung, 060700/182/2007

BGM-Zielvorstellungen

Nachfolgend soll weiter überprüft werden, welches Verständnis von BGM und die damit verfolgten Ziele in den Vereinbarungen ausgearbeitet werden. Inwieweit wird das BGM in alle betrieblichen Prozesse und Strukturen integriert und als ein Weg zu einer gesunden Organisation aufgefasst? Welche Zielvorstellungen werden dabei geäußert? Wo wird der betriebswirtschaftliche Nutzen des BGM für die Organisation und wo für die Person in der Organisation gesehen?
Der folgende Text zeigt, dass beim BGM sowohl Bestehendes als auch neue Handlungsfelder integriert werden sollten (Badura et al. 2010, S. 273ff.). Grundsätzlich wird dabei das BGM als Teil der Personalentwicklung aufgefasst, was die Bedeutung der Qualifizierung für das BGM hervorhebt. Das BGM wird somit nachfolgend als systematische und

strukturierte Vorgehensweise verstanden, die ihre Angebote aufeinander abstimmt. Der Arbeitsschutz, die Gesundheitsförderung und die Eingliederung von Behinderten, chronisch Kranken und Schwerbehinderten werden in das BGM integriert. Hier erkennen die Betriebsparteien den hohen Stellenwert der Integration von BGM an und verweisen dabei auf die zugrundeliegende Managementkompetenz. Aus dem verwendeten »Wir« wird deutlich, dass in dieser Verwaltung das BGM als Kooperations- und Koordinationsaufgabe verstanden wird.

> »Dabei können wir auf bereits Vorhandenes aufbauen. Schwerpunkte bilden bisher der betriebsärztliche Dienst, der Arbeitsschutz, die Integration von Schwerbehinderten und das Notfall- und Krisenmanagement. Daneben wurden Aktionen zum Thema Gesundheit, wie der Gesundheitstag, durchgeführt. Als Teil der Personalentwicklung fasst nun das betriebliche Gesundheitsmanagement die bisher eher isoliert stehenden Angebote zusammen, stimmt diese systematisch aufeinander ab und sichert eine strukturierte Vorgehensweise. Außerdem werden neue Angebote wie das betriebliche Eingliederungsmanagement und die Suchtprävention integriert und mit dem Personalrecht und Personalmanagement verknüpft.«
>
> ÖFFENTLICHE VERWALTUNG, 060700/181/2007

Oftmals werden Zielvorstellungen sehr ausführlich, in anderen Vereinbarungen wiederum nur knapp ausgeführt. Nur wenn die inhaltliche Zielsetzung vorhanden und überprüfbar formuliert ist, können Mindeststandards des BGM eingehalten werden. Unter Qualitätsaspekten gehört eine klare strategische und operative Zielsetzung zu einem systematischen, nachhaltigen, zielorientierten und ergebnisorientierten Vorgehen im BGM.

Im Folgenden macht die Überschrift deutlich, dass der Mensch im Mittelpunkt stehen soll. Eine weitere Zielsetzung sind gesunde Mitarbeiter in gesunden Organisationen. Diese Aussagen sind jedoch zu konkretisieren, wenn es nicht doch stärker um den »Menschen als Mittel zum Zweck« gehen soll.

»Der Mensch im Mittelpunkt
Arbeits- und Gesundheitsschutz sind wichtige Bausteine zur Arbeitszufriedenheit und zur Erhaltung der Gesundheit unserer Mitarbeiter. Voraussetzung für gesunde Unternehmen sind gesunde Mitarbeiter. Daraus resultiert die unternehmerische Aufgabe, Arbeitsschutz und Gesundheitsförderung im Betrieb über die Fürsorgepflicht hinaus als betriebswirtschaftliche Notwendigkeit zu intensivieren.«

METALLERZEUGUNG UND -BEARBEITUNG, 060700/299/1997

Etliche Vereinbarungen heben hervor, dass nur der körperlich und geistig gesunde Mitarbeiter motiviert arbeiten kann. Weitere Voraussetzung sei ein gutes Betriebsklima.

»Im Mittelpunkt steht dabei der Mensch, der den an ihn gestellten Anforderungen optimal entsprechen kann, wenn er physisch und psychisch fit ist, motiviert an die Arbeit geht und sich in einem guten Betriebsklima bewegt.«

ÖFFENTLICHE VERWALTUNG, 060700/61/2001

Letztlich können mit dem Aufbau des BGM in Industrieunternehmen, Dienstleistungsorganisationen und Verwaltungen das Human- und Sozialkapital gestärkt sowie Wohlbefinden, Gesundheit, Produktivität, Wirtschaftlichkeit und Qualität verbessert werden (Badura et al. 2010, S. 149).
Nachstehend werden Wohlbefinden, Zufriedenheit und Gesundheit als Ziele der Betriebsparteien angesprochen.

»Werksleitung und Betriebsrat haben das Ziel, den Gesundheitsstand aller Mitarbeiterinnen und Mitarbeiter im Werk [Ort] nachhaltig zu verbessern. Ein professionell betriebenes und auf Nachhaltigkeit ausgelegtes Betriebliches Gesundheitsmanagement wird Wohlbefinden, Zufriedenheit und Gesundheit der Mitarbeiterinnen und Mitarbeiter erhöhen.«

FAHRZEUGHERSTELLER KRAFTWAGEN, 060700/70/2003

Im gleichen Unternehmen werden zudem die Verbesserung der Produktivität sowie der Qualität und Wirtschaftlichkeit als allgemeine Ergebnisziele verfolgt. Das BGM benötigt mittel- bis langfristig nach seiner Einführung betriebswirtschaftliche Erfolge zur innerbetrieblichen Legitimation seiner Kosten.

> »[Das BGM] schafft die Voraussetzung dafür, dass die Zusammenarbeit zwischen Werksleitung und Betriebsrat gestärkt, die Qualität der Führung, der Organisation und der Produktion optimiert, die Kosten gesenkt und damit die Zukunftsfähigkeit des gesamten Werkes verbessert werden. Die Steuerungsgruppe Betriebliches Gesundheitsmanagement ist dabei ein gemeinsam getragenes Element im Werksgeschehen.«
>
> FAHRZEUGHERSTELLER KRAFTWAGEN, 060700/70/2003

Grundlegende Ziele werden zudem offenkundig, wenn in den Vereinbarungen der Nutzen des BGM für die Organisation einerseits und für die Beschäftigten andererseits dargelegt wird. Das BGM wird als ein Zustand beschrieben, der sowohl der Organisation als auch dem Mitarbeiter umfassenden Nutzen bringt. Das folgende Beispiel einer Kreisverwaltung verdeutlicht den Nutzen in Form von individuellen und organisationalen Ergebnissen. Zunächst wird aufgeführt, was die Beschäftigten vom BGM als Nutzen erwarten dürfen. Der beschriebene Nutzen kann als Investition in das Humankapital bewertet werden. Anschließend werden die erwarteten Ergebnisse für die Kreisverwaltung dargelegt.

> »Was sollen ganz konkret die Beschäftigten davon haben?
> – Reduzierung von Stress
> – Verbesserter Umgang mit erhöhter Arbeitsbelastung
> – Erhöhung der Arbeitszufriedenheit
> – Verringerung der gesundheitlichen Beschwerden
> – Stärkung von Gesundheitsbewusstsein und -kompetenz
> – Steigerung des Wohlbefindens
> – Gesünderes Verhalten im Beruf und in der Freizeit
> Was soll die Kreisverwaltung davon haben?
> – Produktivitätssteigerung und stärkere Bürgerorientierung

– Senkung von Krankenständen und somit von Personalkosten
– Erhaltung und Steigerung der Arbeits- und Leistungsfähigkeit
– Verbesserung von Kommunikationsstrukturen
– Stärkung der Eigenverantwortung der Beschäftigten.«

ÖFFENTLICHE VERWALTUNG, 060700/232/2000

In der folgenden Richtlinie werden die Ziele, die aus der Gesamtzielsetzung des BGM abzuleiten sind, detailliert und konkret benannt. Die Zielsetzung ist hier verhältnismäßig klar und eindeutig. Dadurch werden Kennzahlen für die Evaluation des BGM erzeugt, so z. B. eine geringere Fluktuation. Auch Verbesserungen des Betriebsklimas und der Mitarbeitermotivation werden berücksichtigt.

»Mit der Initiierung eines Gesundheitsmanagements [...] sollten konkret folgende Punkte optimiert werden:
– Verbesserung des Betriebsklimas
– Optimierung der Gestaltung einer gesunden Arbeitsumgebung
– Verbesserung der Mitarbeitermotivation (Basis für das ›Wissensmanagement‹)
– Stärkere Bindung an das Unternehmen (geringere Mitarbeiterfluktuation)
– Reduzierung der Fehlzeiten
– Verbesserung der Qualität
– Optimierung der Termintreue dem Kunden gegenüber
– Erhöhung der Produktivität
– Optimierung der Arbeitsorganisation
– Erhöhung der Einsparpotenziale (z. B. Reduzierung der Kosten durch Lohnfortzahlung, Überstunden, Einarbeitung, Umsetzung etc.), d. h.: Erhöhung der Leistungsfähigkeit von Unternehmen und Mitarbeitern insgesamt.«

FAHRZEUGHERSTELLER SONSTIGER FAHRZEUGE, 060700/174/2002

Zu den Zielvorstellungen gehört weiterhin die Frage: Inwieweit soll sich das BGM auf besondere Zielgruppen im Unternehmen bzw. in der Verwaltung richten? Daraus können dann Projekte oder Prioritäten abgeleitet werden, z. B. in der Phase der Diagnose von Problembereichen. Nachfolgend werden in einer Betriebsvereinbarung konkret, genderbezogen und problembewusst Zielgruppen definiert, um die sich das BGM in dieser Organisation vordringlich kümmern soll.

> »Zielgruppen
> Die Maßnahmen der Gesundheitsvorsorge und Gesundheitsförderung können grundsätzlich für alle Mitarbeiter angezeigt sein (z. B. [Firmen-]Kuren, Gesundheitsseminare), aber auch nur für bestimmte Mitarbeitergruppen wie z. B. für
> – Führungskräfte (als Informationsbaustein im Rahmen der Führungskräfteschulung),
> – Mitglieder von Projektgruppen,
> – Auszubildende (im Rahmen ihres Ausbildungsprogrammes),
> – Mitarbeiter mit besonders belastenden Tätigkeiten (Schichtarbeit),
> – schwerbehinderte Menschen,
> – Mitarbeiter nach schwerer Krankheit (Wiedereingliederung),
> – Mitarbeiter, die innerhalb eines Jahres länger als 6 Wochen ununterbrochen oder wiederholt arbeitsunfähig erkrankt sind,
> – ältere Mitarbeiter,
> – Frauen wegen Doppelbelastung,
> – Alleinerziehende.«
>
> INFORMATIONSTECHNIKHERSTELLER, 060700/95/2006

Genderaspekt bedeutet: die Arbeitssituation von Frauen und Männern bei den Arbeitsbedingungen mit zu bedenken. Er wird zwar nachstehend nicht vernachlässigt, aber auch nicht konkret mit Leben gefüllt. Die folgende Bestimmung schafft es, Zielgruppen im BGM aufzuführen und dabei den Aspekt der demografischen Entwicklung in der Verwaltung nicht auszusparen. Dabei sollte jedoch bedacht werden, dass das BGM sich grundsätzlich an alle Beschäftigten und nicht nur an Risikogruppen richtet (Bamberg et al. 2011, S. 193).

»Die besondere Situation der verschiedenen Berufsgruppen, von Frauen und Männern, von Behinderten und in der persönlichen Leistungsfähigkeit beeinträchtigten Mitarbeiterinnen und Mitarbeitern wird berücksichtigt. Angesichts der demografischen Entwicklung und der länger werdenden Erwerbsphase wollen wir mit entsprechenden Angeboten auch das Leistungspotenzial der älteren Mitarbeiterinnen und Mitarbeiter erhalten.«

ÖFFENTLICHE VERWALTUNG, 060700/181/2007

Von der Pathogenese zur Salutogenese

Im Folgenden wird an Beispielen gezeigt, inwieweit sich der Blick der Betriebsparteien zielorientiert auf das richtet, was krank macht, oder mehr auf die Rahmenbedingungen, die die Beschäftigten gesund erhalten. Die vorliegende Auswertung geht von der Notwendigkeit aus, sich stärker auf die salutogenetischen Potenziale einer Organisation zu konzentrieren. Dabei dürfen jedoch auch die pathogenetischen Faktoren weiterhin nicht vernachlässigt werden. Der folgende Text konzentriert sich ganz auf Risikofaktoren und nimmt dabei auch die psychischen Risiken ins Blickfeld.

»Gesundheitsgefährdungen einschließlich physischer und psychischer Faktoren, die zu gesundheitsgefährdenden Belastungen am Arbeitsplatz führen können, sollen erkannt, verhütet und abgebaut bzw. reduziert werden.«

ÖFFENTLICHE VERWALTUNG, 060700/165/2007

Dagegen werden im folgenden Konzept für ein BGM beide Fragestellungen nach krankmachenden und gesundheitsfördernden Faktoren gleichermaßen aufgegriffen.

»Entsprechend dem dargelegten Grundverständnis geht es in der betrieblichen Gesundheitsförderung grundsätzlich um zwei Fragestellungen. Zum einen um die Frage nach den Risiken und Gesundheitsgefahren [→ Glossar] durch die Beschäftigung ›Was macht an der Arbeit krank?‹, und zum anderen (basierend auf dem Prinzip der Salutogenese) um die Frage der gesundheitlichen Ressourcen ›Was erhält Menschen gesund?‹ […].«

ÖFFENTLICHE VERWALTUNG, 060700/258/2006

Ähnlich wird hier das Verhältnis von Pathogenese und Salutogenese beschrieben.

> »Es geht um zwei grundlegende Fragestellungen:
> - Was macht an der Arbeit krank? Welche Risiken und Gesundheitsgefahren entstehen durch die Beschäftigung?
> - Was erhält Menschen gesund? Welche gesundheitlichen Ressourcen bringt der einzelne Beschäftigte mit und was kann jeder Vorgesetzte für die Gesunderhaltung seiner Beschäftigten tun?«
>
> ÖFFENTLICHE VERWALTUNG, 060700/181/2007

Bei der Erörterung, welches Verständnis die Betriebsparteien vom BGM entwickeln, stellt sich die Frage nach der Zielsetzung von präventiven Maßnahmen. Sollen sich die BGM-Maßnahmen mehr auf Verhaltensprävention oder stärker auf Verhältnisprävention ausrichten? Sollen sie beide Zielsetzungen gleichberechtigt verfolgen bzw. verknüpfen, da sie nicht zu trennen sind (Faller 2012, S. 23f.)? Die aktuellen Empfehlungen von Gesundheitswissenschaftlern (Badura et al. 2010, S. 31ff.) zielen darauf ab, sich stärker der Organisation als sozialem Gebilde zuzuwenden und sich von der ausschließlichen Konzentration auf die Person, ihre Gesundheit und ihre Arbeitsbedingungen zu lösen. Im folgenden Text wird zumindest ein gleichrangiger Ansatz der Verhaltens- und Verhältnisprävention verfolgt.

> »Vor dem Hintergrund eines ganzheitlichen Gesundheitsverständnisses zielt das Gesundheitsmanagement gleichermaßen auf die Stärkung der Handlungskompetenz des/der Einzelnen zur Erhaltung der eigenen Gesundheit (Verhaltensprävention) wie auf die gesundheitsförderliche Gestaltung der Arbeitsverhältnisse (Verhältnisprävention).«
>
> ÖFFENTLICHE VERWALTUNG, 060700/202/2009

Die Betriebsparteien legen im folgenden Beispiel offensichtlich in ihrer Zielsetzung einen Schwerpunkt auf die Person, ihr Verhalten, ihr Gesundheitsbewusstsein und ihre unmittelbaren Arbeitsbedingungen.

»Zielsetzung
Ziel der Dienstvereinbarung ist es, betriebliche Maßnahmen zu ergreifen, um den Gesundheitszustand der Beschäftigten nachhaltig zu verbessern und das Gesundheitsbewusstsein der Beschäftigten zu stärken sowie die Leistungsbereitschaft und Arbeitszufriedenheit zu erhöhen.«

VERSICHERUNGSGEWERBE, 060700/210/2007

Im nächsten Schritt werden für das Unternehmen verhaltenspräventive Maßnahmen für die Zielerreichung des BGM aufgezählt. Sie weisen zwar Schnittstellen zu den Arbeits- oder Organisationsrahmenbedingungen auf, legen aber eindeutig einen Schwerpunkt auf die Person und ihr individuelles Verhalten.

»[...]
- Die Verbesserung gesundheitsförderlicher bzw. gesundheitserhaltender Bedingungen im Arbeitsumfeld inkl. der Anpassung der Arbeitsorganisation an die Bedürfnisse der Mitarbeiterinnen und Mitarbeiter.
- Das Angebot transparenter Beschwerdewege und die Unterstützung in Konfliktsituationen. Hierzu zählen auch Qualifikationen zum Umgang mit Konflikten und Mediationsangebote.
- Die Förderung der Beschäftigten zu gesundheitsbewusstem Verhalten.
- Verantwortungsvolles Führungsverhalten und Führungsqualifikation zum Thema Gesundheit, insbesondere zu Ergonomie und psychischen Belastungen.
- Sucht und Suchtmittelmissbrauch entgegenzuwirken und rechtzeitige Hilfsangebote an gefährdete und abhängig Kranke, auch bei anderem abhängigen Verhalten, z. B. Essstörungen (Magersucht, Fress-Brech-Sucht), Spiel- und Arbeitssucht, zu unterbreiten.
- Beratung und Vermittlung von Hilfsangeboten bei individuellen gesundheitlichen Fragen.«

VERSICHERUNGSGEWERBE, 060700/210/2007

In der folgenden Richtlinie zum BGM – hier als BGF verstanden – wird dagegen eher auf die Arbeitsbedingungen abgezielt. Gleichermaßen werden Risiken und Ressourcen (→ Glossar) zur Gesunderhaltung angesprochen. Dies kann wieder als salutogenetischer Ansatz gesehen werden. Zusätzlich wird ein Bezug zum Unternehmensleitbild hergestellt und strategisch vorgegangen, indem besonders Führungskräfte einbezogen und Prozesse, Strukturen und Verfahren des BGM geregelt werden sollen. Interessanterweise wird als ein Handlungsfeld die Vereinbarkeit von Beruf und Familie gesehen. Dies ist nur selten in den Vereinbarungen der Fall. Hier hat der Betriebsrat u. a. nach § 80 Abs. 1 Nr. 2b BetrVG ein Initiativrecht. Arbeitsschutz und Arbeitsmedizin werden integriert.

> »Gesundheitsförderung ist nach diesem Verständnis eine Führungsaufgabe und ein Bestandteil des Unternehmensleitbilds. In der Praxis bedeutet dies, dass beispielhaft folgende Elemente integrativ und koordiniert zu betrachten und umzusetzen sind:
> – Sicherheit und Gesundheit bei der Arbeit (Arbeitsschutz)
> – Maßnahmen der betrieblichen Gesundheitsförderung
> – Maßnahmen der Organisations- und Personalentwicklung
> – Arbeitsmedizinische Dienstleistungen
> – Verbesserung der Vereinbarkeit von Familie und Beruf
> Betriebliche Gesundheitsförderung umfasst also nicht nur Verhaltens- und Verhältnispräventionen, sondern auch Prozesse und Verfahren, und zielt sowohl auf Risiken als auch auf Ressourcen für die Gesundheit der Beschäftigten.«
>
> Öffentliche Verwaltung, 060700/232/2000

Der nachfolgende Text zur Zielbestimmung des BGM verdeutlicht einen weiteren wichtigen Aspekt, wenn das BGM als ein strategischer Weg in eine gesunde Organisation gesehen wird: Dann ist die partnerschaftliche Unternehmenskultur als Sozialkapital einer Organisation zu berücksichtigen. Zudem wird deutlich ein ganzheitliches, integriertes Vorgehen im BGM empfohlen – mit einer eher individualistischen Zielrichtung auf die Gesundheit und das Wohlbefinden der Mitarbeiterinnen und Mitarbeiter.

»Ziel ist es, in der [Hochschule] ein umfassendes, integratives, betriebliches Gesundheitsmanagement zu schaffen. Das beinhaltet, betriebliches Gesundheitsmanagement in der Unternehmenskultur zu verankern und mit den bereits vorhandenen Systemen (Führungsgrundsätze, Leitbild, Zielvereinbarungen und Berichtswesen) zu verknüpfen.
Betriebliches Gesundheitsmanagement ist die bewusste Steuerung und Integration aller betrieblichen Prozesse mit dem Ziel, die Gesundheit und das Wohlbefinden der Beschäftigten zu erhalten und zu fördern.«

GESUNDHEIT UND SOZIALES, 060700/98/2005

Nachstehend wird die gesunde Organisation als Ziel genannt und eine gesundheitsfördernde Hochschule propagiert. Die Gesundheit der Beschäftigten in ihrem Arbeitsumfeld soll entwickelt und gefördert werden. Hier beziehen sich die Betriebsparteien auf den Setting-Ansatz der WHO. Das BGM ist dabei ein Handlungsfeld der gesundheitsfördernden Hochschule.

»Die Gesundheitsförderung nimmt in allen Bereichen des gesellschaftlichen Lebens einen immer höheren Stellenwert ein. Den Anregungen der Weltgesundheitsorganisation folgend hat die [...] Universität ihre Verantwortung zur Entwicklung und Förderung von Gesundheit im Sinne des ›Setting-Ansatzes‹ der Weltgesundheitsorganisation (WHO) aufgegriffen. Als ein Handlungsfeld der gesundheitsfördernden Hochschule soll betriebliches Gesundheitsmanagement im Rahmen von Personal- und Organisationsentwicklung institutionalisiert und dauerhaft gestaltet werden.«

ÖFFENTLICHE VERWALTUNG, 060700/379/2010

2.1.3 Leitlinien und Grundsätze des BGM

Nachfolgend wird überprüft, inwieweit sich weitere Mindeststandards in den Ausführungen der Vereinbarungen zu Strukturen und Prozessen im BGM widerspiegeln. Eine klare Festlegung von langfristigen und überprüfbaren Zielen ist unerlässlich für einen gelingenden BGM-Prozess. Im nächsten Schritt sollen allgemein anerkannte Leitlinien, Prinzipien und Grundsätze des BGM dargestellt werden. Dazu stellt sich die Frage: Inwieweit sind sie in den Vereinbarungen nachzuweisen? Das nachfolgende Beispiel zählt die wichtigsten Prinzipien und Leitlinien für ein seriöses BGM in Anlehnung an die so genannte Luxemburger Deklaration zur Gesundheitsförderung auf.

> »Das Gesundheitsmanagement soll sich an den Prinzipien von Ganzheitlichkeit, Integration in die Organisation, Partizipation, Projektorganisation sowie an den europäischen Qualitätskriterien (Luxemburger Deklaration von 1997) und an der Gender-Mainstreaming-Strategie orientieren.«
>
> ⊶ Öffentliche Verwaltung, 060700/203/2002

Ganzheitlicher Managementansatz und Integration

Der BGM-Prozess bedarf eines ganzheitlichen Ansatzes, damit alle wesentlichen Schnittstellen zu den vorhandenen Managementbereichen bearbeitet werden können (Badura et al. 2010, S. 273ff.; Badura/Steinke 2009; Walter 2007). Die Integration des BGM in die Betriebsroutinen ist eine wichtige Aufgabe. Insofern muss ein strategischer Managementansatz gewählt werden, wie er z. B. in ISO-Normen, Qualitätsnormen oder in Arbeitsschutzsystemen formuliert wurde.

In einer BGM-Richtlinie für den öffentlichen Dienst wird Ganzheitlichkeit im BGM herausgearbeitet. Dazu gehört die Integration der BGF in den Arbeits- und Gesundheitsschutz und die strategische Ausrichtung des BGM auf die Gesundheit der Individuen und die gesunde Organisation. Für die BGF als freiwillige Maßnahmen gibt es keine gesetzliche Verpflichtung (Kohte 2008a, S. 43; Kohte 2008b, S. 197; Badura et al. 2010, S. 105ff.; Oppolzer 2010, S. 27).

> »Ein ganzheitliches Arbeitsschutz- und Gesundheitsmanagement geht daher weit über die gesetzlich vorgeschriebenen Aufgaben des Arbeitsschutzes und der Arbeitssicherheit hinaus und ist mehr als eine reine Fehlzeitenreduzierungsstrategie. Es gilt daher, die bereits erfolgreiche Konzeption und Arbeit im Rahmen der betrieblichen Gesundheitsförderung mit den Belangen des Arbeitsschutzes und der Arbeitssicherheit zusammenzuführen und Maßnahmen/Instru-

mente zu entwickeln, die die individuelle Gesundheit und den Arbeitsschutz der Beschäftigten ebenso fördern wie die Arbeitsorganisation, die Arbeitsumgebung und die Arbeitsprozesse (›Gesunde Organisation‹).«

ÖFFENTLICHE VERWALTUNG, 060700/232/2000

Der strategische Ansatz im BGM zielt auf die Integration der verschiedenen Handlungsfelder und Managementbereiche ab. Sie sind gemeinsam und ganzheitlich von den verantwortlichen betrieblichen Akteuren zu bearbeiten. Gesundheit ist eine betriebliche Querschnittsaufgabe und sollte die Gestaltung des demografischen Wandels einbeziehen. Das bedeutet: Alterns- und altersgerechte Arbeitsgestaltung ist Teil des BGM.

»Das stadtweite Betriebliche Gesundheitsmanagement verfolgt einen ganzheitlichen Ansatz; es weist Schnittstellen zu folgenden Handlungsfeldern bzw. Themen auf:

- gesetzlicher Arbeits- und Gesundheitsschutz/Arbeitsschutzmanagement
- Betriebliches Eingliederungsmanagement
- Personalentwicklung
- Organisationsentwicklung
- Personalwirtschaft
- Personalplanung
- Personalführung
- Demografie
- Aus- und Fortbildung.«

ÖFFENTLICHE VERWALTUNG, 060700/239/2009

Die nachfolgend erklärte Ganzheitlichkeit aus einer Vereinbarung von 1997 bezieht sich auf die Integration von Gestaltungsmaßnahmen, die sich fachgebietsübergreifend und gleichermaßen auf Technik, Personal und Organisation beziehen sollen. Das erinnert an den weitgehenden Integrationsansatz im ArbSchG, insbesondere den Grundsatz in §4 Nr. 4: »Maßnahmen sind mit dem Ziel zu planen, Technik, Arbeitsorganisation, sonstige Arbeitsbedingungen, soziale Beziehungen und den Einfluss der Umwelt auf den Arbeitsplatz sachgerecht zu verknüpfen [...].«

»Unsere Einstellung zu einer offensiven Sicherheitsarbeit und Gesundheitsförderung wird durch die nachstehenden Begriffe geprägt:
– Ganzheitlichkeit
Der Begriff steht für das gleichwertige und gleichzeitige Gestalten von Technik, Organisation und personalen Bedingungen. Wir verstehen darunter aber auch das Streben nach fachgebietsübergreifenden Lösungen.«

METALLERZEUGUNG UND -BEARBEITUNG, 060700/299/1997

Nachhaltigkeit

Ein weiteres Prinzip für ein gelungenes BGM ist die Nachhaltigkeit. BGM sollte keine vorübergehende Modeerscheinung unter den Managementansätzen sein, sondern in den betrieblichen Alltag bzw. in die Linienorganisation dauerhaft integriert werden. Nachfolgend bekennen sich die Betriebsparteien zum Prinzip der Nachhaltigkeit und dazu, dass die BGM-Kernprozesse Diagnose, Interventionsplanung, Intervention und Evaluation (Badura et al. 2010, S. 155ff.) durchzuführen sind.

»Ein erfolgreiches Gesundheitsmanagement erfordert eine systematische, auf Nachhaltigkeit angelegte Vorgehensweise mit Bedarfsanalyse, Prioritätensetzung, Planung, Ausführung, kontinuierlicher Kontrolle und Bewertung der Ergebnisse.«

ÖFFENTLICHE VERWALTUNG, 060700/202/2009

Oft wird in den Vereinbarungen »nachhaltig« jedoch nur als Schlagwort genutzt. Hingegen ist nachfolgend eine dauerhafte Institutionalisierung des BGM gewollt. Zusätzlich streben die Betriebsparteien eine Verknüpfung mit weiteren Aktivitäten der Verwaltungsreform an, so insbesondere mit der Personal- und Organisationsentwicklung.

»Das bedeutet u. a., in den Dienststellen einen Prozess in Gang zu setzen, der [...]
– die Gesundheitsförderung nachhaltig in der Organisation strukturell und kulturell verankert.
– die auf die Gesundheit gerichteten Aktivitäten – insbesondere von Gesundheitsförderung, Arbeitsschutz und Arbeitssicherheit sowie Suchtprävention – integriert und weiterentwickelt.

Dabei ist eine Verknüpfung mit anderen Aktivitäten zur Verwaltungsmodernisierung – insbesondere Organisations- und Personalentwicklung – anzustreben.«

ÖFFENTLICHE VERWALTUNG, 060700/203/2002

Manchmal wird das BGM in direktem Zusammenhang mit Verwaltungsreform und Haushaltskonsolidierung gebracht. Dabei stellt sich die Frage: Wie erfolgreich kann ein BGM überhaupt sein, wenn es Personalabbau, Haushaltskonsolidierung und Kostenreduzierung begleiten muss?

»Die Stadtverwaltung [Ort] befindet sich in einer Phase tiefgreifender Veränderungen, die Auswirkungen auf die Gesundheit und das Wohlbefinden der Mitarbeiter und Mitarbeiterinnen haben können. Dazu gehören:

- Verwaltungsmodernisierung mit einhergehenden strukturellen Veränderungen,
- die Einführung und Anwendung neuer Datentechnik,
- Kostenreduzierung und Haushaltskonsolidierung, [...]
- ständiger Personalabbau [...].«

ÖFFENTLICHE VERWALTUNG, 060700/229/2004

Partizipation und Mitarbeiterorientierung

In den Vereinbarungen wird fast immer die Notwendigkeit gesehen, die Beschäftigten in alle konkreten Projekte, Planungen, Maßnahmen und Entscheidungen des BGM einzubeziehen. Mitarbeiterorientiertes Handeln im BGM und im betrieblichen Alltag birgt Chancen und Nutzen für die gesunde Organisation (Badura et al. 2008a, S. 25ff.). Dieses grundlegende Verständnis ist zwar weitgehend in den Vereinbarungen nachzuweisen. Es wird aber zu wenig in konkrete Regelungen umgesetzt. Das folgende Beispiel betont die Notwendigkeit von Mitarbeiterorientierung für die Motivation der Beschäftigten.

»Beteiligung
Die Identifikation mit dem Unternehmen ist eine Folge der Gestaltungsmöglichkeiten des Einzelnen: »Anteil nimmt, wer Anteil hat.«

METALLERZEUGUNG UND -BEARBEITUNG, 060700/299/1997

Partizipation, d.h. Beteiligung und Befähigung der Beschäftigten, ist unerlässlich für ein qualitätsorientiertes BGM. Der übliche Top-Down-Ansatz muss immer durch einen Bottom-Up-Ansatz im Sinne von Organisationsentwicklung ergänzt werden. Das Management von Strukturen und Prozessen im BGM erfordert als Mindeststandard die Einbeziehung aller Beschäftigten und eine kontinuierliche Mitarbeiterorientierung bei der Planung, Umsetzung und Evaluation von BGM-Interventionen. Partizipation bedeutet im BGM einerseits die aktive Beteiligung der Mitarbeiterinnen und Mitarbeiter am gesamten BGM und anderseits deren Befähigung zu einem gesundheitsförderlichen Verhalten.

> »Als grundlegende Gestaltungsprinzipien für das Gesundheitsmanagement in der Verwaltung des Landes und der Stadtgemeinde [Ort] gelten deshalb die Qualitätskriterien der ›Luxemburger Deklaration zur Gesundheitsförderung in der Europäischen Union‹ von 1997:
> - Ganzheitlichkeit,
> - Integration in die Organisation,
> - Partizipation und
> - Projektmanagement.
>
> Sie bilden den übergeordneten Handlungsrahmen, der bei allen Planungen, Entscheidungen und Maßnahmen zu berücksichtigen ist. Es wird als selbstverständlich vorausgesetzt, dass die geltenden gesetzlichen Regelungen zum Arbeits- und Gesundheitsschutz eingehalten werden.«
>
> ⊶ ÖFFENTLICHE VERWALTUNG, 060700/202/2009

Neben Partizipation wird manchmal der Begriff Mitarbeiterorientierung verwendet. Deren Kern stellen die Betriebsparteien hier heraus.

> »Mitarbeiterorientierung: Alle ergriffenen Maßnahmen sollten in erster Linie dem Wohlbefinden und der Gesundheit der Beschäftigten dienen; getreu dem Grundsatz: ›Gesundheit fördert Arbeit‹ und umgekehrt.«
>
> ⊶ FAHRZEUGHERSTELLER KRAFTWAGEN, 060700/70/2003

Nachstehend wird der Zusammenhang zwischen Partizipation, Handlungs- und Gestaltungsspielräumen der Beschäftigten in ihrer Arbeit und ihrer Gesundheit gesehen, was in den Vereinbarungen eher selten der Fall ist. Diese wichtige arbeitswissenschaftliche Erkenntnis wird wiederholt von Arbeits-, Gesundheits- und Organisationswissenschaftlern bestätigt.

> »Als entscheidend für die gesundheitlichen Auswirkungen der Arbeit kann das Zusammenwirken von Anforderungen und Belastungen einerseits und arbeitsbezogener Kontroll- und Entscheidungsspielräume der Beschäftigten andererseits gelten. Eine inhaltlich interessante und abwechslungsreiche Arbeit, deren Ablauf und Einteilung von den Beschäftigten relativ selbstständig gestaltet werden kann, wirkt sich protektiv und fördernd auf die Gesundheit aus. Veränderungen im Arbeitsprozess haben einen umso günstigeren Effekt auf die Gesundheit der Beschäftigten, je größer die ihnen bei der Veränderung eingeräumten Partizipations- und Einflussmöglichkeiten sind.«
>
> Öffentliche Verwaltung, 060700/83/2001

In einigen Vereinbarungen regeln die Betriebsparteien, wie die Beteiligung im Führungsalltag umgesetzt wird. Führungskräfte haben den wichtigsten Einfluss auf die Gesundheit der Beschäftigten. Ihre Rolle wird oft unterschätzt (Bamberg et al. 2011, S. 79 und 371 ff.). Beteiligung wird nachfolgend als »Einbeziehung« bezeichnet. Sie ist Aufgabe der mittleren Führungsebene. Die direkten Vorgesetzten haben die Gesundheit der Beschäftigten durch Dialog, Anerkennung, Wertschätzung, Teamarbeit und kooperative Führung zu fördern. Vorgesetzte sollen eine »Kultur der Achtsamkeit« praktizieren.

> »Führungskräfte fördern die Gesundheit der Mitarbeiterinnen und Mitarbeiter durch gesundheitsgerechte Mitarbeiterführung, insbesondere durch
> - Anerkennung und Wertschätzung,
> - Interesse und Kontakt,
> - Einbeziehung und Partizipation,
> - Transparenz und Offenheit,
> - gutes Betriebsklima,
> - Abbau von Belastungen.«
>
> Öffentliche Verwaltung, 060700/181/2007

Die folgende Charta zur Gesundheitspolitik in einem Unternehmen der Privatwirtschaft erstreckt die Beteiligung zusätzlich auf die Interessenvertretungen.

> »Der Geist dieser Charta ist von dem Wissen geprägt, dass die Beteiligung aller betroffenen Akteure der beste Garant für eine nachhaltige Verbesserung der Arbeitsbedingungen ist. Die Beteiligung der Beschäftigten und ihrer Vertreter ist daher eines der vornehmsten Ziele dieser Vereinbarung. Erfolge in diesem Feld werden auch die Produktivität und die Qualität der Produkte positiv beeinflussen.«
>
> GROSSHANDEL (OHNE KFZ.), 110600/231/2010

Projektorientierung

Das BGM ist in der Regel in Projekten einzuführen, bevor es langfristig in die Linienorganisation integriert werden kann. Pilotprojekte können dazu dienen, neue Handlungsfelder zu definieren und probeweise Problemstellungen und Lösungen in einem ausgewählten Bereich der Organisation zu erkunden. Dabei kann zwischen Pilotbereichen mit hohem Handlungsdruck oder mit niedriger Problemlage gewählt werden. Bei einem eher unproblematischen Bereich sind eher schnelle und sichtbare Erfolge möglich.

Für das BGM in Form von Projekten sind als Managementkompetenz Kenntnisse und Erfahrungen im Projektmanagement erforderlich (Badura et al. 2010, S. 289). Für Pilotprojekte müssen Prioritäten gesetzt und eindeutige Verantwortlichkeiten festgelegt werden. Detaillierte Arbeitsschritte einschließlich der personellen und finanziellen Ressourcen müssen geplant werden. Einzelne Projekte bei der Interventionsplanung sind erforderlich und langfristig in die Linie und in vorhandene Managementansätze zu integrieren. Hier lautet folgerichtig die betriebliche Losung »Vom Projekt in die Linie«. Insofern werden im Folgenden Projektorientierung, Nachhaltigkeit und Integration als Grundprinzipen des BGM bezeichnet.

»BGM darf auf Dauer keine isoliert betriebene Aktivität bleiben, sondern muss voll integriert werden in bereits vorhandene Managementansätze. Es erfolgt die volle Integration in das [Firmen]-Produktionssystem nach dem Grundsatz: ›Vom Projekt zur Linienorganisation‹ [...]«.

FAHRZEUGHERSTELLER KRAFTWAGEN, 060700/70/2003

Folgende Dienstvereinbarung zielt auf Strukturen und Prozesse des BGM ab und hat sich dabei eine hohe Qualität als Ziel gesetzt. Sie favorisiert Projekte in einer Stadtverwaltung, die in dezentralen Einheiten mit gleichartigen Arbeitsbedingungen durchgeführt werden sollen. Die dauerhafte Verankerung des BGM zielt wiederum auf Nachhaltigkeit ab.

»Die dauerhafte Verankerung des Betrieblichen Gesundheitsmanagements erfordert die Durchführung von konkreten Gesundheitsmanagement-Projekten (dezentrale Projekte). Ansatz sind dabei die Verhältnisse am Arbeitsplatz (siehe Ziffer 6.2).
Projekte finden i.d.R. in Organisationseinheiten statt, die gleichartige Arbeitsbedingungen aufweisen (Hauptabteilung, Abteilung, Fachabteilung etc.).«

ÖFFENTLICHE VERWALTUNG, 060700/239/2009

Nachfolgend werden exemplarische Projekte definiert, die den Fokus auf ausgewählte arbeitsbedingte Gesundheitsgefährdungen (→ Glossar) in bestimmten Arbeitsbereichen legen: Arbeit im Freien, hohe körperliche Belastungen, Stress, Bildschirmarbeit, Publikumsverkehr und Beanspruchungen (→ Glossar) des Muskel- und Skelettsystems.

»Untersuchung der unterschiedlichen betrieblichen Belastungsprofile im Rahmen jeweils eines Pilotprojekts im Bereich eines technischen Amtes mit hoher körperlicher Belastung und Außenarbeiten, im Bereich der Krankenhäuser und Altenpflegeheime mit vorwiegender Belastung des Muskel- und Skelettsystems sowie psychosozialen Stressfaktoren sowie im Bereich der Büro- und Verwaltungstätigkeit mit Bildschirmarbeit und Publikumsverkehr.«

ÖFFENTLICHE VERWALTUNG, 060700/83/2001

Gender Mainstreaming

Besonders im öffentlichen Bereich ist bei internen Maßnahmen, Strategien, schriftlichen Vereinbarungen und im konkreten betrieblichen Handeln immer das Prinzip des Gender Mainstreaming umzusetzen. Alle vorgeschlagenen Konzepte, Maßnahmen, Interventionen, Prozesse und Strukturen im BGM sind somit daraufhin zu überprüfen, inwieweit sie geschlechtsspezifische Auswirkungen mit sich bringen und gendersensibel gestaltet werden können (vgl. Bamberg et al. 2011, S. 444–447). In den Vereinbarungen wird Gender Mainstreaming meist nur angeführt, gute Handlungsanleitungen werden jedoch nicht genutzt (z. B. Nielbock/Gümbel, 2009). Es fehlt zudem an einer geschlechtssensiblen Konkretisierung der Ziele des BGM und des methodischen Vorgehens: z. B. bei einem Gesundheitszirkel, der Gefährdungsbeurteilung, der Fragebogenentwicklung bei einer Mitarbeiterbefragung oder dem Arbeitskreis Gesundheit (vgl. Badura/ Schröder/Vetter 2009, S. 21).
Die Betriebsparteien erläutern nachfolgend Gender Mainstreaming als Ziel, das auch den Evaluationskriterien zugrunde gelegt wird. Geschlechtsdifferenzierende Sichtweisen, Geschlechtergerechtigkeit und die Berücksichtigung geschlechtsspezifischer Unterschiede in der Bewältigung von Belastungen und Beanspruchungen bilden wichtige Ansatzpunkte für die Akteure.

> »Berücksichtigung geschlechtsdifferenzierender Sichtweisen
> – Betrachtung von Belastungssituationen und deren unterschiedlicher Bewältigung durch Frauen und Männer
> – Berücksichtigung von Geschlechtergerechtigkeit bei der Entwicklung und Umsetzung von Maßnahmen
>
> In ihrer Ausdifferenzierung bilden diese Ziele eine wesentliche inhaltliche Grundlage zur Entwicklung von Evaluationskriterien.«

ÖFFENTLICHE VERWALTUNG, 060700/202/2009

2.1.4 Mindeststandards, Kernprozesse und Prinzip der kontinuierlichen Verbesserung

Im Folgenden wird prüft, wie in den Vereinbarungen die Kernprozesse, Arbeitsschritte und Verfahren im BGM geregelt sind und ob Mindeststandards für die Prozessqualität festgelegt werden bzw. ein Bewusstsein für Prozessorientierung vorhanden ist. Für das BGM hat sich eine Einteilung in vier Kernprozesse durchgesetzt (Badura et al. 2010, S. 155). Walter (2007) unterscheidet die Phasen Diagnose, Interventionsplanung, Interventionsdurchführung und Evaluation. Den wiederholten Durchlauf der Phasen bezeichnet sie als Lernzyklus. Diese lernbasierten Kernprozesse im BGM können somit als Regelkreis verstanden werden. Nachfolgend wird geprüft, ob die Vereinbarungen sich daran orientieren und die Kernprozesse und deren einzelnen Arbeitsschritte deutlich unterscheiden.

Intervention

Zunächst wird untersucht, ob der Begriff Intervention bereits in den Vereinbarungen geläufig ist. Das ist durchaus der Fall, besonders in Vereinbarungen aus neuerer Zeit, wie ein Beispiel aus dem Kohlebergbau zeigt. Sicherheit, Gesundheit und Beschäftigungsfähigkeit der Belegschaft gelten als Ressourcen des Unternehmens. Sie sollen durch gezielte Interventionsstrategien gestärkt werden.

> »Die Sicherheit und die Gesundheit der Arbeitnehmerinnen und Arbeitnehmer sind erklärte Ziele der [Firma]. Sie dienen als eine für die Wertschöpfung unverzichtbare Ressource. Unter dem Kostendruck wirtschaftlich angespannter Zeiten, der Herausforderung permanenter Restrukturierungen und des absehbaren demografischen Wandels gilt es, gezielte Interventionsstrategien zu entwickeln, um die Beschäftigungsfähigkeit, das Leistungsniveau und die Leistungsfähigkeit der Arbeitnehmer zu erhalten und zu verbessern.«

KOHLEBERGBAU, 060700/224/2009

Hier stellt sich die Frage: Wie konkret werden Interventionen in den Vereinbarungen benannt? Je konkreter sie beschrieben werden, desto präziser können sie den Zielen und Handlungsfeldern des BGM zugeordnet werden.
In der Betriebsvereinbarung aus dem Gesundheits- und Sozialwesen werden Interventionen auf die BGF bezogen. Damit soll offensichtlich das Human- und Sozialkapital gestärkt werden (Badura et al. 2008a). Durch die Schaffung eines »Vorrats« an gemeinsamen Überzeugungen, Werten und Regeln wollen die Betriebsparteien durch das BGM eine Vertrauenskultur schaffen. Die »Art der Zusammenarbeit« ist wichtig für das Entstehen gemeinsamer Überzeugungen, Werte und Regeln.

> »Interventionen der betrieblichen Gesundheitsförderung können sich beziehen auf
> - die sachliche Infrastruktur (z. B. Ausstattung, Hilfsmittel, Räume)
> - die Organisation der Arbeit (z. B. Arbeitszeiten, Art der Zusammenarbeit)
> - die individuelle Befähigung zur Bewältigung von Arbeitsanforderungen (z. B. Qualifikation, Motivation, Gesundheit)
> - die Schaffung eines ›Vorrats‹ an gemeinsamen Überzeugungen, Werten und Regeln (z. B. Führungskultur, Erleben der Arbeit als transparent, berechenbar und beeinflussbar, Erleben der Arbeit als sinnhaft und wertvoll).«
>
> GESUNDHEIT UND SOZIALES, 060700/245/2008

Badura et al. (2010, S. 39) verweisen nachdrücklich auf die Bedeutung der Unternehmenskultur für die Menschen als soziales Wesen. Dass die Unternehmenskultur eine Vertrauenskultur darstellt, ist eine unabdingbare Voraussetzung für gesunde Beschäftigte in einer gesunden Organisation.
Nachfolgend werden Interventionsschwellen bzw. Indikatoren definiert, bei denen die Verantwortlichen für das BEM als eine Säule des BGM eingreifen sollen.

> »Durch das nachfolgende Raster werden Indikatoren als Orientierungspunkte präzisiert, bei deren Vorliegen ein Informationsfluss zur Veranlassung von Aktivitäten an die mit der Aufgabe der ›Prä-

vention‹ betrauten ›Neutralen Stellen‹, innerhalb der [Firma] in Gang gesetzt werden sollen:
– deutlich erkennbare und anhaltende Einschränkungen der Leistungsfähigkeit
– deutlich erkennbarer Missbrauch von Alkohol, Drogen und Medikamenten
– Krankenstand
Langzeiterkrankungen: ununterbrochene Erkrankung mehr als 42 Kalendertage
häufige Kurzzeiterkrankungen: mehr als 9 Krankheitsepisoden innerhalb der letzten 12 Kalendermonate
sonstige Krankheitszeiten: in der Summe mehr als 42 Kalendertage innerhalb der letzten 12 Kalendermonate
– Atteste und Bescheide, die eine Leistungseinschränkung dokumentieren
– Wiedereingliederung ins Erwerbsleben nach dem so genannten Hamburger-Modell.«

ÖFFENTLICH VERWALTUNG, 060700/220/2005

Eher selten wird in den Vereinbarungen ein umfassender verhältnispräventiver Ansatz des BGM deutlich, der auf die gesunde Organisation und auf die Unternehmenskultur ausgerichtet ist und sich von der einzelnen Person weitgehend löst. Nachfolgend betonen die Betriebsparteien hingegen den ganzheitlichen integrativen Ansatz im BGM, der weit über den gesetzlichen Arbeitsschutz hinausgeht und die freiwillige Gesundheitsförderung einbezieht.

»Die Leistungsbereitschaft und die Leistungsfähigkeit der Beschäftigten sind zentraler Erfolgsfaktor eines jeden Dienstleistungsunternehmens. Insbesondere die Arbeitsorganisation, die Art der Führung und die herrschende Verwaltungskultur können wesentlich zum Wohlbefinden und zur Gesundheit der Beschäftigten beitragen. Ein ganzheitliches Arbeitsschutz- und Gesundheitsmanagement geht daher weit über die gesetzlich vorgeschriebenen Aufgaben des Arbeitsschutzes und der Arbeitssicherheit hinaus und ist mehr als eine reine Fehlzeitenreduzierungsstrategie. Es gilt daher, die bereits erfolgreiche Konzeption und Arbeit im Rahmen der betrieblichen

Gesundheitsförderung mit den Belangen des Arbeitsschutzes und der Arbeitssicherheit zusammenzuführen und Maßnahmen/Instrumente zu entwickeln, die die individuelle Gesundheit und den Arbeitsschutz der Beschäftigten ebenso fördern wie die Arbeitsorganisation, die Arbeitsumgebung und die Arbeitsprozesse (›Gesunde Organisation‹).«

ÖFFENTLICHE VERWALTUNG, 060700/232/2000

Kernprozesse des BGM

Beim BGM ist kontinuierlich ein Lernzyklus zu durchlaufen, der die wesentlichen Kernprozesse beinhaltet (Walter 2007; Badura et al. 2010, S. 155ff.). Die nachfolgende Vereinbarung beschreibt in fast idealtypischer Art und Weise die systematische Einhaltung dieser Kernprozesse im BGM als professionalisiertes und systematisches Vorgehen.

»Professionalität: Bedarfsorientierte, ursachenbezogene und zieladäquate Interventionen erfordern Professionalität im Vorgehen, d.h. ausreichendes Wissen, Qualifikation und Beratung bei der Durchführung einzelner Kernprozesse des BGM: der Diagnose, der Planung, der Interventionssteuerung und der begleitenden Bewertung. Nur diese Systematik des Vorgehens gewährleistet die notwendige Objektivierung von Problemen und eine entsprechende Versachlichung der Diskussion.«

FAHRZEUGHERSTELLER KRAFTWAGEN, 060700/70/2003

Nachfolgend wird Wert auf eine systematische Bedarfsanalyse zu Beginn des BGM gelegt. Die datengestützte Organisationsanalyse ist der erste unerlässliche Kernprozess im Regelkreis. Die Betriebsparteien unterscheiden vier Kernprozesse. Zielgerichtet nehmen sie die Rahmenbedingungen in der Organisation ganzheitlich ins Blickfeld und lassen dabei die Führung nicht außer Acht. Punktuelle personenbezogene Einzelmaßnahmen genügen aus ihrer Sicht nicht.

»Professionelles Gesundheitsmanagement erfordert die Beherrschung und angemessene Verkettung der vier Kernprozesse: Diagnostik, Planung, Steuerung und begleitende Bewertung. D.h. erstes Ziel jeder Maßnahme muss die genaue Lokalisierung gesundheitlicher Probleme und die sorgfältige Analyse der dabei vor Ort wirksamen Kausalitäten sein. Massenhaft auftretende gesundheitliche Probleme und Fehlzeiten haben stets auch und zumeist zuallererst ihre Ursache in der Führung, in den Strukturen und Prozessen, den Arbeitsbedingungen oder technischen Gegebenheiten eines Unternehmens und können deshalb nachhaltig auch nicht alleine durch personenbezogene Einzelmaßnahmen bekämpft werden. Nicht Schuldfeststellung, sondern Systemanalyse und Systemverbesserung ist das Ziel professionellen Gesundheitsmanagements (Stichwort: ›Gesunde Organisation‹).«

FAHRZEUGHERSTELLER KRAFTWAGEN, 060700/70/2003

Manche neueren Vereinbarungen beschreiben alle vier notwendigen Kernprozesse mit den richtigen Begriffen.

»Die unverzichtbaren Kernprozesse systematischer betrieblicher Gesundheitsförderung bestehen in der Abfolge von Diagnostik, Planung, Intervention und Evaluation.«

GESUNDHEIT UND SOZIALES, 060700/245/2008

Das folgende BGM-Konzept in einer Landesverwaltung verdeutlicht die Bedeutung der Diagnose, benutzt den Begriff Lernzyklus und geht von einem kontinuierlichen Verbesserungsprozess aus. Das Papier schlägt dabei konkrete Instrumente für die Bedarfsanalyse vor. Interessant ist der Hinweis auf die Krankenstandstatistiken. In diesem Beispiel wird deutlich: Ohne sorgfältige Diagnose ist keine Therapie in der Organisation möglich (Walter 2007, S. 206).

»Projekt- und Prozessmanagement
Alle Maßnahmen und Programme zur Gesundheitsförderung müssen systematisch durchgeführt und auf die spezifischen Bedürfnisse der Dienststelle und der Mitarbeiter/innen zugeschnitten werden. Erfolgreiches Gesundheitsmanagement gleicht einem Lernzyklus und umfasst eine Bedarfsanalyse und Zieldefinition, die Planung und Ausführung geeigneter Maßnahmen sowie die kontinuierliche und systematische Kontrolle und Bewertung der Ergebnisse (Evaluation). Die fundierte Analyse der Ist-Situation ist die Basis der Betrieb-

lichen Gesundheitsförderung. Nur eine genaue Diagnose kann den Projektverantwortlichen zeigen, wo und wie eingegriffen werden muss, um die definierten Ziele zu erreichen. Die notwendigen Informationen können Mitarbeiter/innenbefragungen, Gesundheitszirkel, Diagnose-Workshops oder Krankenstandstatistiken liefern.«

ÖFFENTLICHE VERWALTUNG, 060700/258/2006

Mindeststandards

Qualitätskriterien und Mindeststandards sind im BGM unerlässlich.

> »Zur nachhaltigen und effektiven Erreichung der Ziele von betrieblichem Gesundheitsmanagement sind folgende Prinzipien zu beachten: [...]
>
> – Berücksichtigung von Qualitätskriterien: erhebt den Anspruch, dass das Handlungsfeld betriebliches Gesundheitsmanagement auch selbst einer kontinuierlichen Verbesserung im Sinne der Qualitätssicherung unterliegt und sich an Qualitätskriterien messen lassen muss.«

BILDUNGSEINRICHTUNG, 060700/382/2009

In der folgenden Vereinbarung werden zusätzlich zu den Kernprozessen eines qualitätsorientierten BGM weitere Mindeststandards genannt, die unerlässlich sind, um es zu professionalisieren und nachhaltig zu gestalten. Die Betriebsparteien nennen als eine BGM-Voraussetzung die Betriebsvereinbarung, die zur Vertrauensbildung zwischen den Betriebsparteien und zur Nachhaltigkeit von BGM-Strukturen und Prozessen erforderlich ist. Zudem wird die Steuerungsgruppe aufgezählt, die oft als Lenkungsausschuss, Steuerungskreis oder Steuerungsgremium bzw. Arbeitskreis Gesundheit bezeichnet wird (Badura et al. 2010, S. 150f.). Der Lenkungsausschuss ist im Sinne von Organisationsentwicklung das Entscheidungsgremium, das die Arbeits- bzw. Projektgruppen koordiniert und dem Top-Management (Geschäftsführung, Vorstand, Verwaltungsleitung) berichtet. Anschließend wird die betriebliche Gesundheitsberichterstattung angesprochen, die alle gesundheitsbezogenen Daten und Kennzahlen für das Unternehmen ermitteln soll. Der regelmäßige Gesundheitsbericht dient der Öffentlichkeitsarbeit, der Schaffung von Transparenz, der Diagnose und dem Controlling des

BGM. Es wird darauf verwiesen, dass für das BGM eine Qualifizierung erforderlich ist, ohne direkt auf Zielgruppen einzugehen.

> »Instrumente des BGM sind insbesondere die Betriebsvereinbarung, eine Steuerungsgruppe, angemessene Qualifizierung, ein regelmäßig veröffentlichter Gesundheitsbericht, Projektgruppen zur Planung, Steuerung und begleitenden Bewertung einzelner Interventionen. Voraussetzung für die Planung, Steuerung und Bewertung einzelner Interventionen sind eine sorgfältige Diagnose und Ursachenanalyse.«
>
> FAHRZEUGHERSTELLER KRAFTWAGEN, 060700/70/2003

Beim nachstehend zitierten Fahrzeughersteller grenzen die Betriebsparteien die Aufgaben der Steuerungsgruppe von den BGM-Aufgaben in der Linie ab. Die Phasen der Interventionsplanung und -durchführung obliegen als Aufgabe der Linie.

> »Initiierung und Kontrolle der einzelnen Maßnahmen und Entwicklungsschritte obliegen der Steuerungsgruppe. Diese sollte sich zur treibenden Kraft im BGM entwickeln und mit entsprechenden Kompetenzen und Ressourcen ausgestattet werden. Die Realisierung des BGM in Form von Interventionen zur gesundheitsförderlichen Organisations- und Arbeitsgestaltung in Form von Qualifizierungsmaßnahmen oder Verhaltensänderungen ist Aufgabe der Linienorganisation.«
>
> FAHRZEUGHERSTELLER KRAFTWAGEN, 060700/70/2003

Die BGM-Steuerungsgruppe ist hier paritätisch besetzt. Sie hat u. a. die Aufgabe, die erforderlichen Ressourcen für das BGM zur Verfügung zu stellen.

> »Die Überwachung der Vorgehensweise des BGM erfolgt in einer Steuerungsgruppe, der jeweils zwei Vertreter des Betriebsrats und der Arbeitgeberseite [...] angehören (siehe Anlage 1).
> Zu den Aufgaben der Steuerungsgruppe gehören die Planung, Einführung, Begleitung, Kontrolle sowie die Bereitstellung von Ressourcen.«
>
> GUMMI- UND KUNSTSTOFFHERSTELLUNG, 060700/240/2009

Kontinuierlicher Verbesserungsprozess

Beim jüngst zitierten Fahrzeughersteller (060700/70/2003) liegt sicherlich Erfahrung mit dem kontinuierlichen Verbesserungsprozess (KVP) im Qualitätswesen und in der Produktion vor. Hier wird davon ausgegangen, dass im Sinne einer kontinuierlichen Verbesserung die Standards des BGM, die Interventionen und die erreichten Ergebnisse immer wieder überprüft und optimiert werden müssen. Das setzt eine regelmäßige Bewertung aller BGM-Aktivitäten voraus.

> »Nachhaltigkeit: Zentrales Anliegen des BGM ist die Nachhaltigkeit der durchgeführten Interventionen (im Sinne von KVP), d. h. dauerhafte positive Auswirkungen auf die sozialen Beziehungen im Unternehmen, auf Wohlbefinden und Gesundheit der Beschäftigten und das Betriebsergebnis.«
>
> FAHRZEUGHERSTELLER KRAFTWAGEN, 060700/70/2003

Nachfolgend werden die Qualitätsmanagementansätze KVP und Betriebliches Vorschlagswesen (BVW) für das Ziel der Gesundheitsverbesserung im BGM nutzbar gemacht. Dies ist in den Vereinbarungen ein Einzelfall.

> »Förderung von KVP/BVW im Sinne einer Gesundheitsverbesserung.«
>
> MASCHINENBAU, 060700/81/2000

Im folgenden Text aus der chemischen Industrie wird das KVP-Prinzip, wie es auch § 3 Abs. 1 Satz 3 ArbSchG vorgibt, zu Recht auf den Arbeits- und Gesundheitsschutz bezogen und als Kernelement »verantwortungsvollen Handelns« bezeichnet.

> »Der erreichte hohe Standard von Sicherheit und Gesundheitsschutz bei der [Firma] unterliegt einem kontinuierlichen Verbesserungsprozess. Dies entspricht in hohem Maße dem Grundgedanken von Responsible Care (Verantwortliches Handeln).«
>
> CHEMISCHE INDUSTRIE, 060700/308/1999

Evaluation/Erfolgskontrolle

Die Akteure des BGM sollten besonders den Kernprozess der Evaluation vorab und begleitend planen, da die Bedeutung der Wirksamkeitskontrolle in der Praxis nach wie vor unterschätzt wird. Die regelmäßig durchzuführende Evaluation richtet sich einerseits auf die Ergebnisse im Sinne eines Messens der Zielerreichung (Ergebnisqualität) und andererseits auf die Prozess- und Strukturqualität des BGM. Dabei ist der gewählte Zeitpunkt für die Evaluation von Bedeutung (Badura et al. 2010, S. 160). Nachfolgend wird der Stellenwert der Evaluation richtig eingeschätzt und die Steuerungsgruppe beauftragt, hierfür verantwortlich ein Konzept zu entwickeln.

> »Die Evaluation ist ein wichtiger Bestandteil des betrieblichen Gesundheitsmanagements und zielt auf eine systematische Reflexion des fachlichen Handelns der Beteiligten. Durch den Evaluationsprozess soll die Planung, Durchführung und Weiterentwicklung des betrieblichen Gesundheitsmanagements optimiert werden. Die Evaluation wird durchgeführt im Rahmen einer Selbstevaluation, für die die Steuerungsgruppe Betriebliches Gesundheitsmanagement verantwortlich ist. Die Steuerungsgruppe legt Umfang und Instrumente der Selbstevaluation fest.«
>
> BILDUNGSEINRICHTUNG, 060700/382/2009

Eine Betriebsvereinbarung bezieht sich auf die Notwendigkeit der Evaluation von individuellen Gesundheitsförderungsmaßnahmen wie z. B. von medizinischen Check-ups.

> »Die Präventions-Check-up-Untersuchung ›Fit im Leben – fit im Job‹ im Speziellen bündelt dabei aus medizinischer Sicht sinnvolle Angebote zur Gesundheitsförderung und bietet diese berechtigten Mitarbeitern des Unternehmensverbandes [Konzern] an. Die inhaltliche Konzeption des Angebots orientiert sich an den gängigen Leitlinien der Präventivmedizin und dem aktuellen Stand der medizinischen Wissenschaft. Um die Nachhaltigkeit der Maßnahme zu gewährleisten, erfolgt eine regelmäßige Evaluation.«
>
> UNTERNEHMENSBEZOGENE DIENSTLEISTUNGEN, 060700/254/2006

In der folgenden Vereinbarung wird Evaluation, hier als Erfolgskontrolle bezeichnet, als Kernprozess des BGM gesehen. Die Mitarbeiterbefragung als ein Instrument wird als besonders geeignet erachtet, um Mitarbeiterzufriedenheit und gutes Betriebsklima als Indikatoren für den Erfolg des BGM zu ermitteln. Die Betriebsparteien wünschen sich ausdrücklich Anregungen und Ideen aus der Belegschaft.

> »Erfolgskontrolle
> Die Erfolgskontrolle erfolgt durch:
> - Gesundheitsbericht
>   Der betriebsärztliche Dienst erstellt jährlich den Gesundheitsbericht. Er dient als Arbeitsgrundlage für das folgende Jahr, um zielgerichtete Maßnahmen ergreifen zu können.
> - Controlling
>   Maßnahmen werden durch den Arbeitskreis Gesundheitsförderung einer Bewertung und Kontrolle unterzogen (Evaluation). Die Fehlzeitenquote ist eine Kennzahl im Controllingbericht.
> - Mitarbeiterbefragung
>   Mit Hilfe der Mitarbeiterbefragung wird ermittelt, inwieweit das Gesundheitsmanagement in unserem Haus integriert ist.
> - Ideen und Anregungen der Belegschaft
>   Der Arbeitskreis Gesundheitsförderung bittet jährlich alle Mitarbeiterinnen und Mitarbeiter um Anregungen und Ideen zu Gesundheitsthemen.«
>
> ÖFFENTLICHE VERWALTUNG, 060700/181/2007

In einer aktuellen Dienstvereinbarung aus einer Stadtverwaltung regeln die Betriebsparteien die Evaluation einvernehmlich. Die Projektbeteiligten entscheiden gemeinsam über die Wirksamkeitskontrolle. Hier wird ein Konsens zwischen den Betriebsparteien gesucht. Der Zeitpunkt der Evaluation wird von dem Projektverlauf abhängig gemacht. Die Evaluation wird im Arbeitskreis Gesundheit und im Gesundheitszirkel durchgeführt.

»Evaluation der eingeleiteten Maßnahmen
Die Projektbeteiligten legen im Laufe des Projektes zum Betrieblichen Gesundheitsmanagement Kriterien fest, anhand derer die durchzuführenden Maßnahmen auf ihren Nutzen hin bzw. im Hinblick auf die Zielerreichung bewertet werden können.
Die Evaluation der eingeleiteten Maßnahmen findet mindestens im Rahmen einer Auswertungssitzung des Arbeitskreises Gesundheit und des Gesundheitszirkels sowie über die Durchführung einer Folgebefragung (sog. Follow-up-Befragung) statt.
Die Projektbeteiligten entscheiden gemeinsam über weitere Evaluationsmöglichkeiten.
Der Zeitpunkt der Evaluation ist abhängig vom Projektverlauf.«

ÖFFENTLICHE VERWALTUNG, 060700/239/2009

2.1.5 Strukturen, Verantwortlichkeiten und Vernetzung im BGM

Nachfolgend werden die vereinbarten Strukturen des BGM genauer untersucht. Dabei handelt es sich um Strukturen wie z. B. personelle Verantwortlichkeiten, handelnde Personen und interne bzw. externe Netzwerke. Die personellen und finanziellen Ressourcen, die für die Arbeit im BGM erforderlich sind, werden in Kapitel 2.1.7 behandelt.

Lenkungsausschuss

Der Lenkungsausschuss ist eine unbedingte Mindestvoraussetzung für ein BGM. In vielen BGM-Vereinbarungen ist er unter dem Begriff »Arbeitskreis Gesundheit« durchaus eingeführt. Nachfolgend hat der Betriebsrat das Recht, den Arbeitskreis außerordentlich einzuberufen.

»Der Arbeitskreis soll mindestens alle zwei Monate zusammentreten. Bei Bedarf und auf Antrag des Betriebsrates ist darüber hinaus der Arbeitskreis Gesundheit einzuberufen. Er wird von der/dem LeiterIn der Niederlassung bzw. seiner/em VertreterIn geleitet.«

TELEKOMMUNIKATIONSDIENSTLEISTER, 060700/309/2003

In folgender Vereinbarung verknüpfen die Betriebsparteien den Lenkungsausschuss mit dem vorhandenen Arbeits- und Umweltausschuss. Durch den entstandenen Ausschuss für Arbeitssicherheit, Gesundheit und Umweltschutz (AGU) ist aus ihrer Sicht der gesetzlich geforderte Arbeitsschutzausschuss nach § 11 Arbeitssicherheitsgesetz (ASiG) abgedeckt.

> »Im Lenkungsausschuss AGU werden die Bereiche Arbeitssicherheit, Gesundheit und Umweltschutz zusammengeführt. Der Lenkungsausschuss AGU steuert die Zuordnung von Aufgaben an die einzelnen Bereiche Arbeitssicherheit, Gesundheit und Umweltschutz und koordiniert die Vorgehensweise bei der Bearbeitung übergreifender Themen bzw. Fragestellungen. Gleichzeitig stellt dieser Ausschuss den gesetzlich vorgeschriebenen Arbeitssicherheitsausschuss dar.«
>
> VERSICHERUNGSGEWERBE, 060700/210/2007

Ähnlich knüpfen die Betriebsparteien im nachfolgend zitierten BGM-Leitfaden für eine Kreisverwaltung an den bereits vorhandenen Arbeitsschutzausschuss (ASA) an und nennen ihn »Ausschuss für Arbeitsschutz- und betriebliches Gesundheitsmanagement«. Sie begründen dies mit der Integration aller Aktivitäten auf dem Gebiet des BGM. Hier wird der Übergang von der BGF zum BGM deutlich. Dieser neue Ausschuss für Arbeitsschutz- und betriebliches Gesundheitsmanagement hat keine Entscheidungsbefugnisse.

> »Innerhalb der Kreisverwaltung existiert bereits der gesetzlich vorgeschriebene Arbeitsschutzausschuss. Durch die auch in diesem Leitfaden dokumentierte ganzheitliche Vorgehensweise auf dem Gebiet des Arbeits- und Gesundheitsschutzes erhält dieser Ausschuss mit der Veröffentlichung dieses mit der Verwaltungsführung abgestimmten Leitfadens die Bezeichnung ›Ausschuss für Arbeitsschutz- und betriebliches Gesundheitsmanagement‹: Die Aufgaben des bisherigen Zentralen Arbeitskreises Gesundheitsförderung (ZAG) gehen ebenfalls in diesen Ausschuss über.
> Der Ausschuss hat keine Entscheidungskompetenz, sondern richtet seine Empfehlungen direkt an den Dienststellenleiter.

> Der Ausschuss tagt mindestens vierteljährlich. Wünsche für die Tagesordnung können jederzeit unmittelbar an den Vorsitzenden oder aber an die Fachkraft für Arbeitssicherheit gerichtet werden.«
>
> ÖFFENTLICHE VERWALTUNG, 060700/232/2000

Es kommt jedoch durchaus in den Vereinbarungen vor, dass betriebliche Gremien wie Arbeitsschutzausschuss und Arbeitskreis Gesundheit parallel arbeiten.

> »[...]
> - Erfassen der Krankheitsursachen
> - Analyse der Krankheitsursachen durch betriebs- und tätigkeitsbezogene Auswertung der erhobenen Daten.
> - Ursachenbeseitigung durch kooperative Verfahren und unter Nutzung betrieblicher Gremien wie z. B. Arbeitsschutzausschuss, Arbeitskreis für Gesundheit.«
>
> LANDVERKEHR, 060700/172/2001

Übernehmen bereits bestehende Gremien zusätzlicher Aufgaben im BGM, unterliegt dies nachfolgend der Mitbestimmung der Interessenvertretungen.

> »In Absprache mit den Interessenvertretungen können auch bereits bestehende Gremien (u. a. Arbeitsgruppe betriebliche Suchtkrankenhilfe, Arbeitsschutzausschuss) erweitert werden und die Funktion der Arbeitsgruppe Gesundheitsmanagement übernehmen.«
>
> ÖFFENTLICHE VERWALTUNG, 060700/202/2009

Im nachfolgenden Beispiel wird auf Unternehmensebene ein Expertenteam Gesundheit installiert. Aufgrund der Anzahl der Mitglieder kann sich schnell die Frage nach der Funktionsfähigkeit des Teams bzw. Lenkungsausschusses stellen. Anzuraten wäre auf jeden Fall eine Geschäftsordnung für das Expertenteam.

> »Um das BGM erfolgreich zu etablieren und eine kontinuierliche Weiterentwicklung sicherzustellen, wird auf Unternehmensebene ein Expertenteam BGM installiert.

Teilnehmer:
– Arbeitsdirektor
– Leitender Betriebsarzt
– Leitende Sicherheitsfachkraft
– Schwerbehindertenvertrauensmann
– Je Standort ein Mitglied des BR-Ausschusses für Arbeits-, Gesundheits- und Umweltschutz
– Vertreter des Unternehmenssprecherausschusses
– Teamleiter BGM
– Je ein Direktor der Divisionen und ein Direktor der funktionalen Ressorts.«

Metallerzeugung und -bearbeitung, 060700/295/2008

Innerbetriebliche Strukturen sind aufzubauen, zu vernetzen und zu einem innerbetrieblichen BGM-Netzwerk auszubauen. Netzwerkbildung ist ein wichtiger Qualitätsstandard im BGM und durch die fachliche Zusammenarbeit aller Akteure zu erreichen.

»Dienststellen bzw. Fachbereiche, die ein Gesundheitsmanagement aufbauen, sollen hierzu Verantwortlichkeiten festlegen und angemessene Organisationsstrukturen entwickeln, um den Prozess zu steuern. Um die Ziele eines dienststelleninternen Gesundheitsmanagements zu erreichen, ist eine Zusammenarbeit aller Akteure, die hierzu über Fach- und Entscheidungskompetenz verfügen, erforderlich. Dabei sind innerdienstliche Netzwerk-Strukturen zu fördern, die die Abstimmprozesse erleichtern, bereits bestehende Gremien/Einrichtungen (bspw. Arbeitsschutz-Ausschuss, Arbeitskreis Suchtkrankenhilfe) einbeziehen und die Akzeptanz von Entscheidungen erhöhen.«

Öffentliche Verwaltung, 060700/203/2002

In einer Stadtverwaltung werden eine Koordinierungsstelle für das BGM eingerichtet, ihre Aufgaben definiert und ihr die Unterstützung aller BGM-Aktivitäten zugewiesen. Projekte zum BGM zeigen oftmals, dass eine interne Prozessbegleitung unumgänglich ist, damit dezentrale Einheiten in größeren Betrieben oder Verwaltungen ihre Projekte zum BGM erfolgreich durchführen können.

»Aufgabenschwerpunkte [der Koordinierungsstelle] sind unter anderem:
- Geschäftsführung für die Projektgruppe Gesundheitsmanagement im [Ort] öffentlichen Dienst
- Beratung und Prozessbegleitung von Dienststellen
- Organisation und inhaltlich-konzeptionelle Unterstützung eines regelmäßigen Austausches zwischen den Ressorts und Dienststellen [...].«

ÖFFENTLICHE VERWALTUNG, 060700/202/2009

Analyseteams für die Gefährdungsbeurteilung

Neben dem ASA und der Arbeitsgruppe Betriebliche Suchtkrankenhilfe wird im nachfolgenden Unternehmen ein Analyseteam eingerichtet, das die Durchführung der Gefährdungsbeurteilung gemäß §§ 3 Abs. 2 und 5 ArbSchG zur Aufgabe hat.

»Zur Durchführung der Gefährdungsbeurteilung wird ein betriebliches Analyseteam eingesetzt (§ 3/2 ArbSchG).
Es besteht aus Vertretern des Arbeitsschutzausschusses:
- Vertreter der Geschäftsleitung
- Sicherheitsfachkraft
- Betriebsarzt
- Vertreter des Betriebsrates.«

MESS-, STEUER- UND REGELUNGSTECHNIK, 060700/84/2002

Auf kooperative Weise – mit mehr Entscheidungsbefugnissen – ist nachfolgend der Betriebsrat in die Planung, Durchführung und Auswertung der Gefährdungsbeurteilung einbezogen. Es wird ein paritätisch besetztes betriebliches Lenkungsteam für diese Aufgabe eingesetzt.

»Gremien
Zur Durchführung der Gefährdungsbeurteilung wird ein betriebliches Lenkungsteam eingesetzt. Es besteht paritätisch aus Vertretern der Werkleitung und des Betriebsrates. Das Lenkungsteam betreut abteilungsbezogene Analyseteams (Abteilungsleiter, Vorarbeiter, Sicherheitsbeauftragte).

Einzelne Mitarbeiter und der Werksarzt können ggf. hinzugezogen werden. Zu den Aufgaben des Analyseteams zählen insbesondere die Steuerung der durchzuführenden Maßnahmen im Rahmen der Gefährdungsbeurteilung, die Festlegung von Prioritäten umzusetzender Maßnahmen und deren Erfolgskontrolle.«

METALLVERARBEITUNG, 060700/79/2003

Nachfolgend wird das Analyseteam für die Gefährdungsbeurteilung paritätisch besetzt.

»Gremien
Durchführungsteam
Zur Durchführung der Gefährdungsbeurteilung wird ein betriebliches Analyseteam eingesetzt (§ 3(2)1 ArbSchG), das sich zusammensetzt aus:
- 2 Beauftragten der Geschäftsleitung
- 2 Vertretern des Betriebsrates.«

MESS-, STEUER- UND REGELUNGSTECHNIK, 060700/206/2009

Im Folgenden wird die Unterweisung im Zusammenhang mit der Gefährdungsbeurteilung geregelt und der Betriebsrat an der Wirksamkeitskontrolle beteiligt.

»Durchführung der Unterweisung
Die Unterweisung wird nur von Personen durchgeführt, welche die erforderliche Fachkunde entsprechend den Anforderungen dieser Betriebsvereinbarung besitzen.
Die Verantwortung für die Durchführung der Unterweisung liegt bei den jeweils zuständigen Führungskräften. Die Einsicht in die Unterweisungsnachweise ist dem Betriebsrat jederzeit möglich.
Die aufgabenbereichsbezogene Unterweisung ist regelmäßig alle 12 Monate durchzuführen. Dies schließt die Unterweisung bei der Veränderung im Aufgabenbereich und bei der Einführung neuer Arbeitsmittel oder einer neuen Technologie gemäß § 12 Abs. 1 Satz 3 ArbSchG ein.
Wirksamkeitsüberprüfung
Die Betriebsparteien sind sich darüber einig, dass die definierten

Lernziele der Unterweisung im Rahmen von Wirksamkeitsüberprüfungen einer regelmäßigen Überprüfung unterliegen. Der Betriebsrat ist berechtigt, sich jederzeit durch eigene Feststellungen von der Wirksamkeit der Unterweisungen zu überzeugen.«

NACHRICHTENTECHNIK/UNTERHALTUNGS-, AUTOMOBILELEKTRONIK, 060700/204/2007

Betriebsarzt und Fachkraft für Arbeitssicherheit

Im Arbeitsschutzausschuss sind Betriebsräte, Beauftragte des Arbeitgebers, die Schwerbehindertenvertretung, Sicherheitsfachkräfte, Sicherheitsbeauftragte und Betriebsärzte vertreten.

Im Folgenden wird geprüft, inwieweit die Betriebsparteien auf die Betriebsbeauftragten des Arbeitgebers für das BGM zurückgreifen. Diese sind die Experten für Arbeits-, Gesundheits- und Umweltschutz und sollen das erforderliche Wissen intern an Führungskräfte, Projektmitarbeiter und Beschäftigte vermitteln. Das bietet sich schon deshalb an, weil sich die Aufgaben der Betriebsbeauftragten z. B. im Arbeitsschutz mit Aufgaben im BGM überschneiden (DGUV V2 2011). In der Regel ist in den Vereinbarungen vorgesehen, dass der Betriebsarzt und die Sicherheitsfachkraft am Arbeitskreis Gesundheit mitwirken, da sie über die arbeitsmedizinische und ergonomische Fachkunde verfügen.

»Im Betrieb wird ein ›Arbeitskreis Gesundheit‹ gebildet. Ihm gehören an:
- Arbeitgeber
- Betriebsrat
- Betriebsarzt
- Fachkraft für Arbeitssicherheit
- Vertreter von Krankenkassen.«

SONSTIGE VERKEHRSDIENSTLEISTER, 060700/120/1994

Im folgenden Beispiel aus dem Jahr 2005 werden dem Betriebsarzt die klassischen Arbeitsschutzaufgaben zugeordnet, hier insbesondere die Planung und Durchführung von Gefährdungsbeurteilungen. Wichtig ist der Hinweis auf den jährlichen Bericht des Betriebsarztes und der Sicherheitsfachkraft sowie auf die Kooperationspflicht der Beauftragten untereinander (DGUV V2 § 5 2011).

»Betriebsarzt – BA
Im Rahmen der gesetzlichen Bestimmungen obliegen dem Betriebsarzt insbesondere
- Mitwirkung bei der Erarbeitung von Konzepten der Initiierung und der systematischen Weiterführung der Gefährdungsbeurteilungen.
- Fachkundige Beteiligung an der Durchführung von Gefährdungsbeurteilungen.
- Durchführung von Wirksamkeitskontrollen der Gefährdungsbeurteilungen.
- Prioritätensetzung der Aufgaben gemäß den Jahreszielen zum Arbeitsschutz sowie regelmäßige Berichterstattung über die eigene Arbeit und Ergebnisse an die Koordinationsstelle und den Ausschuss für Arbeitsschutz,
- Zusammenarbeit mit der Koordinationsstelle [BGM] und der Fachkraft für Arbeitssicherheit zur Erfüllung ihrer Aufgaben.«

ÖFFENTLICHE VERWALTUNG, 060700/104/2005

Nachfolgend werden die Aufgaben des Betriebsarztes auf das Gesundheitsmanagement erweitert. Der folgende Text stellt die ausschließlich beratende Funktion sowohl des Betriebsarztes als auch der Fachkraft für Arbeitssicherheit heraus. Das ASiG von 1972 gibt dies so klar vor.

»Die Fachkraft für Arbeitssicherheit und der Betriebsarzt haben in ihrer Funktion nach dem Arbeitssicherheitsgesetz (ASiG) Führungskräfte dabei zu beraten, wie sie Arbeitssicherheit und den betrieblichen Gesundheitsschutz (ArbSchG) in ihrem Bereich angemessen verwirklichen können.
Beide unterstützen Führungskräfte bei der Gefährdungsermittlung, z. B. der Einschätzung des Ausmaßes an Selbst- und Fremdgefährdung bei bestimmten Arbeiten. Sie beraten ferner die Führungskräfte bei der Umsetzung des Stufenplans (s. Ziffer 11/Anlage 1). Die Fachkraft für Arbeitssicherheit und der Betriebsarzt haben nach ASiG darauf hinzuwirken, dass Maßnahmen der Arbeitssicherheit eingehalten werden. Ihre Beratung hat arbeitsschutzrechtliche Relevanz.«

ÖFFENTLICHE VERWALTUNG, 060700/228/2009

Wiederholt werden die beratende und unterstützende Funktion des Betriebsarztes und sein fehlendes Weisungsrecht hervorgehoben. Hier wird auch seine Schulungsfunktion genannt.

> »Der Betriebsarzt/die Betriebsärztin hat kein Weisungsrecht, sondern ist beratend und unterstützend tätig. Er/sie unterstützt und berät in Abstimmung mit der Fachkraft für Arbeitssicherheit insbesondere die Führungskräfte zu deren Aufgaben/Pflichten im Rahmen des Arbeitsschutz- und Gesundheitsmanagements und entwickelt dazu auch Fortbildungsangebote bzw. führt eigene Informationsveranstaltungen durch.«
>
> ⊶ Öffentliche Verwaltung, 060700/232/2000

Nur selten wird dem Betriebsarzt eine Schlüsselrolle in den Handlungsfeldern des BGM zugewiesen. Offensichtlich hat der Betriebsarzt im nachstehend zitierten Unternehmen das erforderliche Vertrauensverhältnis für seine Aufgabenerfüllung hergestellt und stets gewahrt. Er soll insbesondere in Krisensituationen und bei psychosomatischen Erkrankungen beraten und Gesundheitsförderungsprogramme mitgestalten. Hier sollen Betriebsärzte auch an Einstellungsuntersuchungen mitwirken.

> »Betriebsärztlicher Dienst
> Neben der Aufgabenerfüllung nach arbeitsschutzrechtlichen Bestimmungen führen die Betriebsärzte u. a. Einstellungsuntersuchungen, Untersuchungen für [Firmen-]Kuren, Gesundheitsseminare sowie deren Nachsorge, Erstbehandlungen bei Unfällen und akuten Erkrankungen und Beratung im Hinblick auf Eingliederungsmaßnahmen während und nach längerer Krankheit sowie bei schwer behinderten Menschen durch. Die Beratung bei psychosomatischen Erkrankungen und in Krisensituationen gewinnt vermehrt an Bedeutung. Im Rahmen der Gesundheitsförderung gestalten sie insbesondere betriebliche Präventionsprogramme und wirken an Gesundheitsförderungsprogrammen [...] (siehe Ziffer 5) mit. Aufgrund ihrer Fachkompetenz und Aufgabenstellung kommt den Betriebsärzten in allen gesundheitsrelevanten Fragen der in Ziffer 3 genannten Handlungsfelder eine Schlüsselfunktion zu.«
>
> ⊶ Informationstechnikhersteller, 060700/95/2006

Sicherheitsbeauftragte

Im BGM, unter Einbezug des Arbeitsschutzes, sollten die Sicherheitsbeauftragten nach §§ 22 und 23 SGB VII nicht vergessen werden. Sie stehen als Experten ihrer Arbeitssituation für den Arbeitsschutz »von unten«. Darüber hinaus sind sie ein wichtiges Bindeglied zwischen den Arbeits- und Gesundheitsschutzexperten und den zu beteiligenden Beschäftigten in den Teams und Abteilungen vor Ort. Die folgende Beschreibung der Stellung und der Aufgaben der Sicherheitsbeauftragten ist detailliert und in kaum einer Betriebsvereinbarung so zu finden. Fraglos wird die Zustimmung des Betriebsrats zu der Bestellung der Sicherheitsbeauftragten vereinbart. Die Betriebsparteien bekräftigen das Nachteilsverbot für die Sicherheitsbeauftragten gemäß § 22 Abs. 3 SGB VII.

> »Sicherheitsbeauftragte
> Für jeden Arbeitsbereich ernennt die Geschäftsführung in Abstimmung mit der zuständigen Betriebsleitung und der Arbeitssicherheit sowie mit Zustimmung des Betriebsrates Sicherheitsbeauftragte gemäß § 22 SGB VII, deren Mindestanzahl sich nach den berufsgenossenschaftlichen Vorschriften richtet.
> Die Unterrichtung der Sicherheitsbeauftragten erfolgt durch die Arbeitsmedizin und die Arbeitssicherheit ggf. im Zusammenwirken mit anderen Stellen des Unternehmens.
> Die Sicherheitsbeauftragten werden von ihren beruflichen Tätigkeiten unter Fortzahlung ihres Arbeitsentgeltes freigestellt, soweit dies zur Erfüllung ihrer Aufgaben auf dem Gebiet des Arbeitsschutzes erforderlich ist. Ihnen darf aus ihrer Funktion als Sicherheitsbeauftragte weder im Entgelt noch auf anderen arbeitsvertraglichen Gebieten ein Nachteil entstehen.
> Als Sicherheitsbeauftragte werden solche Arbeitnehmer bestellt, die über ausreichende Sach- und Betriebskenntnisse verfügen, das Vertrauen von Vorgesetzten und Kollegen besitzen und die Bereitschaft erkennen lassen, sich für die Belange der Arbeitssicherheit einzusetzen.
> Führungskräfte, denen Pflichten auf dem Gebiet des AGS übertragen wurden, kommen als Sicherheitsbeauftragte nicht in Betracht.

Die Unfallanzeigen bzw. betrieblichen Unfallberichte werden von den zuständigen Sicherheitsbeauftragten mit unterschrieben. An den Betriebsinspektionen des Betriebs-Sicherheits-Ausschusses (vgl. § 6.2) nimmt der Sicherheitsbeauftragte des betreffenden Betriebsbereichs teil. Er wird in angemessenem Umfang an der Erarbeitung von Gefährdungs- und Belastungsanalysen beteiligt.«

UNTERNEHMENSBEZOGENE DIENSTLEISTUNGEN, 060700/101/2002

Die gleiche Vereinbarung regelt zudem die jährliche Konferenz der Sicherheitsbeauftragten mit dem Arbeitgeber und dem Betriebsrat. Sie wird in § 89 BetrVG zwar gefordert, in der Praxis aber selten durchgeführt.

»Jahreskonferenz der Sicherheitsbeauftragten
Alle Sicherheitsbeauftragten, der Betriebsrat und Vertreter der Geschäftsführung treten jährlich einmal zusammen.«

UNTERNEHMENSBEZOGENE DIENSTLEISTUNGEN, 060700/101/2002

Nachfolgend wird die Schulung der Sicherheitsbeauftragten mit dem Betriebsrat vereinbart, der damit seine Mitbestimmung gemäß §§ 96–98 BetrVG wahrnimmt.

»Um die Aufgaben wahrnehmen zu können, werden die Sicherheitsbeauftragten ausreichend geschult. Über den Umfang und die Inhalte der Schulung wird mit dem Betriebsrat Einvernehmen hergestellt.«

TELEKOMMUNIKATIONSDIENSTLEISTER, 060700/309/2003

Gesundheitsbeauftragte

Ein weiteres Qualitätskriterium für ein funktionierendes BGM ist die Festlegung von personellen Verantwortlichkeiten. Diese müssen für das BGM benannt und ihre Aufgaben und Kompetenzen eindeutig bestimmt sein (Badura et al. 2010, S. 152). Die im Unternehmen vorhandenen Experten des Arbeits- und Gesundheitsschutzes und des Personalwesens sollten in größeren Organisationen unterstützt werden, indem eine zuständige Stelle für das Gesundheitsmanagement geschaffen wird.

Zu den Aufgabenträgern im BGM gehört eine vom Management eingesetzte verantwortliche Person als Gesundheitsbeauftragte, die im BGM als Bindeglied zwischen den handelnden Akteuren, Gremien, Projekten, Führungskräften, Interessenvertretungen und Beschäftigten fungiert. Verantwortung, Stellung und Anforderungen an die Aufgabenerfüllung der bzw. des betrieblichen Gesundheitsbeauftragten sind sorgfältig zu regeln. Ihre erforderliche Fachkunde und Zuverlässigkeit wird nachfolgend nicht weiter ausgeführt. Der bzw. die Betreffende hat hier eine beratenden, kooperative und unterstützende Funktion und deshalb kein Weisungsrecht. Er oder sie hat den Betriebsrat nur auf dessen verlangen zu informieren und Auskünfte zu erteilen. Hier wäre eine umfassendere Kooperation wünschenswert.

> »Die Verlagsgruppe hat beschlossen, ihre betriebliche Gesundheitsförderung durch die Position eines Gesundheitsbeauftragten zu verstärken. Die mit der Position verbundene Verantwortung hat die Verlagsgruppe wie folgt definiert:
> Zum Gesundheitsbeauftragten darf nur bestellt werden, wer die zur Erfüllung seiner Aufgaben erforderliche Fachkunde und Zuverlässigkeit besitzt.
> Der Gesundheitsbeauftragte hat alle Bereiche der Verlagsgruppe bei der Erfüllung ihrer Aufgaben zu unterstützen. Er ist gegenüber der Geschäftsführung/Geschäftsleitung der Verlagsgruppe, der Fachkraft für Arbeitssicherheit, dem Betriebsarzt sowie den Mitarbeitern der Verlagsgruppe auf Verlangen zur Auskunft verpflichtet, arbeitet mit ihnen zusammen und berät sie. Er ist ferner verpflichtet, den Betriebsrat auf Verlangen zu informieren und ihm die für die Wahrnehmung seiner Rechte erforderlichen Auskünfte zu erteilen.«
>
> Verlags- und Druckgewerbe, 060700/69/1999

Ausführlich werden im gleichen Unternehmen die Aufgaben der bzw. des bestellten betrieblichen Gesundheitsbeauftragten festgelegt: Zielsetzung und Zielerreichung im BGM überprüfen, Wirksamkeitskontrollen umsetzen, Entscheidungen vorbereiten, Projekte koordinieren, das interne Marketing (→ Glossar) steuern, Qualifizierungsmaßnahmen entwickeln und die Betriebsparteien beraten. Deutlich überschneiden sich diese Aufgaben mit den Funktionen der Betriebsbeauftragten nach dem ASiG.

»Der Gesundheitsbeauftragte hat die Aufgabe, die Verlagsgruppe in allen Fragen der betrieblichen Gesundheitspolitik zu beraten und zu unterstützen. Er wird mit Unterstützung der Verlagsgruppe insbesondere:

- die Ausführung der für die Verlagsgruppe maßgebenden Vorschriften vorbereiten und begleiten,
- den neuesten Stand der Technik und der gesicherten arbeitswissenschaftlichen Erkenntnisse auf dem Gebiet der Gestaltung von Arbeitsplätzen ermitteln und präsentieren,
- technische Neuerungen unter dem Aspekt der Entlastung beurteilen und die Verlagsgruppe bei der Einführung beraten,
- die gewonnenen Erkenntnisse regelmäßig dokumentieren und veröffentlichen,
- die gewonnenen Erkenntnisse in konkrete Vorschläge für Maßnahmen des Gesundheitsschutzes umsetzen und mit den Betriebspartnern gemeinsam beraten,
- die Wirksamkeit von Maßnahmen des Gesundheitsschutzes überprüfen,
- Projekte der Verlagsgruppe zum Gesundheitsschutz, insbesondere der Prävention – z. B. das Pilotprojekt zur qualifizierten Mischarbeit im Archiv – koordinieren,
- mit verlagsgruppeninternen Stellen und externen Fachkräften und/oder Sachverständigen (insbesondere der [...]-Gesellschaft mbH) zusammenarbeiten,
- Motivations-, Beteiligungs- und Unterweisungskonzepte zur Einbeziehung aller Mitarbeiter der Verlagsgruppe in die betriebliche Gesundheitspolitik und Maßnahmen des Gesundheitsschutzes entwickeln und beschlossene Konzepte betreuen,
- die Öffentlichkeitsarbeit vorbereiten und betreuen.«

VERLAGS- UND DRUCKGEWERBE, 060700/69/1999

In der folgenden Richtlinie wird eine Geschäftsführung für die BGF eingesetzt, die die Steuerungsgruppe (oft auch Lenkungsausschuss genannt) unterstützen soll – besonders in der Diagnosephase.

»Geschäftsführung der Betrieblichen Gesundheitsförderung
Die Geschäftsführung der Betrieblichen Gesundheitsförderung unterstützt die Steuerungsgruppe bei der Datenbeschaffung und Bedarfsanalyse. Ihr obliegt die Koordination und Moderation der Gesundheitszirkel.«

Öffentliche Verwaltung, 060700/258/2006

Projektleitung

Projektleiterinnen und Projektleiter sind im BGM weitere wichtige Akteure, die allerdings nur selten in den Vereinbarungen konkret geregelt werden. Die nachfolgende Vereinbarung aus der öffentlichen Verwaltung weist den Projektleitungen eine ausführende Rolle zu. In dieser Stadtverwaltung liegt die Verantwortung für die Durchführung von BGM-Projekten beim Personal- und Organisationsreferat. Die Entscheidung über die Umsetzung der Interventionen verbleibt in der Linie. Aufgaben, Kompetenzen und Verantwortung der Projektleitung werden nicht festgelegt.

»Projektleitung
Projektleitung umfasst lediglich die Durchführungsverantwortung für das zum Betrieblichen Gesundheitsmanagement. Die konkrete Entscheidung über die Maßnahmenumsetzung verbleibt stets in der Linienverantwortung der jeweiligen Organisationseinheit.
Zuständigkeit des Personal- und Organisationsreferates
Die Projekte werden grundsätzlich vom Personal- und Organisationsreferat geleitet. Das Personal- und Organisationsreferat ist auch für die eventuelle Inanspruchnahme externer Beratung und Unterstützung zuständig (z. B. Krankenkassen, Unfallversicherungsträger).«

Öffentliche Verwaltung, 060700/239/2009

Führungskräfte im BGM

In den letzten Jahren werden die Rolle der Führungskräfte und das »gesunde« Führen viel stärker als zuvor im BGM thematisiert. Führungskräfte sind für ihre Mitarbeiterinnen und Mitarbeiter ein Vorbild. Insofern ist es entscheidend, wie Vorgesetzte mit ihrer Gesundheit im Arbeitsalltag umgehen. Zusätzlich nehmen sie durch ihren Führungsstil ganz erheblichen Einfluss auf die Gesundheit und Motivation ihrer Beschäftigten. Im folgenden Beispiel wird die Bedeutung der Führungskräfte und ihres Führungsstils für die Gesundheit hervorgehoben. Ihr Kommunikationsstil, ihre Bereitschaft zur Kooperation sowie ihr Feedback beeinflussen wesentlich das soziale Klima und die Kultur im Unternehmen.

> »Führungsstil
> Führungskräfte beeinflussen durch ihr jeweiliges Führungsverständnis und -verhalten maßgeblich die Kommunikations- und Kooperationsstile und damit insgesamt das Klima und die Kultur im Unternehmen (vgl. Soziales Klima). Auch das Feedback in Form der Rückmeldung über Leistungs- und Sozialverhalten, die Schaffung von Entscheidungs- und Handlungsspielräumen sowie die Unterstützung und Beteiligung der Beschäftigten beeinflussen entscheidend Wohlbefinden, Gesundheit, Motivation und Leistungsbereitschaft der Mitarbeiter/innen.«
>
> ÖFFENTLICHE VERWALTUNG, 060700/258/2006

In der gleichen Verwaltung werden die Führungskräfte in die Pflicht genommen, durch Arbeitsgestaltung für die Beschäftigten klare Aufgaben zu definieren, die persönlichkeitsförderlich sind, zur Personalentwicklung beitragen und Über- und Unterforderung vermeiden.

> »Aufgabenklarheit
> Menschen können nur dann produktiv und kreativ arbeiten, d. h. ihre Fähigkeiten und Fertigkeiten optimal nutzen, wenn sie eine möglichst eindeutige Klarheit über ihre Aufgaben und Rollen haben. Eine der wichtigsten Führungsaufgaben ist es, Klarheit und Struktur zu vermitteln.
> Gesundheits- und mitarbeitergerechte Führung beinhaltet auch die Zuweisung von Arbeit unter Berücksichtigung der vorhandenen Fähigkeiten und Interessen (Vermeidung von Über- und Unterforderung) und mit dem Ziel, den Mitarbeiter/innen Möglichkeiten zur persönlichen und beruflichen Entwicklung zu schaffen.«
>
> ÖFFENTLICHE VERWALTUNG, 060700/258/2006

Nachfolgend wird ein kooperativer Führungsstil der Führungskräfte gefordert, damit das BGM dauerhaft im Unternehmen als Führungsaufgabe wahrgenommen, entwickelt und verankert werden kann.

> »Dies konkretisiert sich im betrieblichen Handeln wie folgt:
> - Förderung und Erhöhung von Wohlbefinden, Arbeitszufriedenheit, Motivation und beruflicher Entwicklung
> - Feststellung der betrieblichen Ursachen von Gesundheitsstörungen
> - Führen von Mitarbeitergespräch Gesundheit (Anlage 2)
> - Entwicklung einer partnerschaftlichen Unternehmenskultur
> - Förderung eines kooperativen Führungsstils
> - Verbesserung von Kommunikation und Kooperation mit und unter den Arbeitnehmern.«
>
> GRUNDSTÜCKS- UND WOHNUNGSWESEN, 060700/379/2010

Führungskräfte stehen im Dialog mit ihren Mitarbeiterinnen und Mitarbeitern. Im folgenden Beispiel aus einem Krankenhaus werden Jahres-Mitarbeitergespräche als wichtiges Kommunikationsmittel im BGM verstanden. In dieser Einrichtung sollen zudem Fehlzeitengespräche geführt werden. Hierin sehen die Betriebsparteien keinen Widerspruch oder mögliche Zielkonflikte. Eindeutige Zielsetzung ist die Senkung der Fehlzeiten.

> »Die Einführung von Jahres-Mitarbeitergesprächen und Fehlzeitengesprächen soll die Kommunikation zwischen Führungskräften und Mitarbeiterinnen/Mitarbeitern in den Bereichen verbessern. Hierdurch sollen positive Entwicklungen gestärkt, Schwachstellen bei Arbeitsbedingungen und -organisation erkannt und beseitigt werden und die Eigenverantwortung der Beschäftigten gefördert werden mit dem Ziel, die Motivation zu erhöhen und die Fehlzeiten nachhaltig zu senken.«
>
> GESUNDHEIT UND SOZIALES, 060700/98/2005

In einer Vereinbarung für eine Stadtverwaltung werden alle Führungskräfte in die Verantwortung genommen. Zugleich werden Schnittstellen zu anderen Managementinstrumenten wie z. B. Leitbild und Führungsgrundsätze hervorgehoben. Dabei werden der integrative Ansatz für das BGM konkret beschrieben und die Beschäftigten einbezogen.

»Die Stadtspitze, alle Führungskräfte, der Gesamtpersonalrat und die Beschäftigten der Stadt [Ort] verpflichten sich durch diese Dienstvereinbarung, dass die genannten Ziele bei allen Maßnahmen, Aktivitäten und Entscheidungen einfließen und Berücksichtigung finden. Die Fortentwicklung bestehender Instrumente (z. B. Leitbilder, Grundsätze für Führung und Zusammenarbeit, Führungsdialog, Mitarbeitergespräch) im Sinne des Betrieblichen Gesundheitsmanagements wird angestrebt.«

ÖFFENTLICHE VERWALTUNG, 060700/239/2009

Aber auch in der Privatwirtschaft wird die Bedeutung der Führungskultur für die Gesundheit und Motivation der Beschäftigten und für den Erfolg des BGM keinesfalls verkannt. Das Sozialkapital eines Unternehmens beinhaltet als Teilelement immer auch die gesundheitsförderliche Führungskultur als Führungskapital vor Ort (Badura et al. 2008a, S. 34–35).

»Geschäftsführung und Betriebsrat sind sich einig, dass der Erfolg der betrieblichen Gesundheitsförderung maßgeblich auf der Unterstützung durch die Führungskräfte sowie auf einer gesundheitsförderlichen Führungskultur basiert.«

UNTERNEHMENSBEZOGENE DIENSTLEISTUNGEN, 060700/99/2004

2.1.6 Betriebspolitische Voraussetzungen und Rahmenbedingungen für das BGM

Im Folgenden wird untersucht, wie in den Unternehmen Ressourcen für die BGM-Arbeit vereinbart werden. Dabei stehen folgende Fragestellungen im Mittelpunkt: Welche finanziellen Mittel für Projekte und Maßnahmen werden bereitgestellt? Werden räumliche, infrastrukturelle und technische Ressourcen für das BGM vereinbart? Inwieweit werden Projektbeteiligte und Handelnde im BGM zeitlich freigestellt und für ihre Arbeit angemessen qualifiziert? Ausreichende und adäquate Ressourcen sind vom Top-Management bereitzustellen, ansonsten leidet die Glaubwürdigkeit und Akzeptanz des BGM im Unternehmen erheblich.

Ressourcen: Budget

Bei Ressourcen handelt es sich um Stellen für das BGM und ein ausreichendes Budget für BGM-Maßnahmen und Interventionen. Sie werden in den Vereinbarungen nicht immer konkret geregelt. Nachstehend bereitet der Arbeitsschutzausschuss ein Programm zur Gesundheitsförderung und das dazugehörige Budget für BGF-Maßnahmen vor.

> »Der ASA plant, steuert und koordiniert unter Beachtung des Datenschutzes alle Aktivitäten betrieblicher gesundheitsfördernder Maßnahmen, wie beispielsweise:
> - Erstellung eines betrieblichen Programms zur betrieblichen Gesundheitsförderung
> - das erforderliche Budget
> - die Durchführung der einzelnen Programme und deren Dauer
> - das Erfordernis einer Krankenstandauswertung.«
>
> MASCHINENBAU, 060700/247/2005

Über das endgültige Programm und das dazugehörige Budget entscheidet in diesem Unternehmen abschließend die Geschäftsführung und stimmt sich mit der zuständigen Betriebskrankenkasse ab.

> »Der ASA schlägt das Ergebnis seiner Beratungen der Geschäftsführung als Jahresplanung und Jahresprogramm vor. Das Programm enthält die Festlegung der Verantwortlichkeit und Befugnis für die Verwirklichung der Ziele für jede relevante Funktion und Ebene des Unternehmens sowie der Mittel und des Zeitraumes, wann die Ziele verwirklicht sein sollen. Nach Abstimmung mit der [Betriebskrankenkasse] verabschiedet die Geschäftsführung das Programm. Damit ist es genehmigt und zur Realisierung freigegeben.«
>
> MASCHINENBAU, 060700/247/2005

In der öffentlichen Verwaltung wird über die Höhe des Budgets im Haushaltsplan entschieden. Die Mittel werden dem Arbeitskreis Gesundheit für die »individuelle Gesundheitsförderung« zur Verfügung gestellt.

»Der Arbeitskreis Gesundheit erhält nach Maßgabe des Haushaltsplanes ein Budget zur Durchführung von Maßnahmen zur individuellen Gesundheitsförderung.«

ÖFFENTLICHE VERWALTUNG, 060700/248/2005

Das folgende Beispiel sieht vor, dass die Steuerungsgruppe BGM ein eigenes Budget erhält.

»Hierzu wird die Steuerungsgruppe Betriebliches Gesundheitsmanagement mit Entscheidungskompetenzen [...] und entsprechend den finanziellen Möglichkeiten mit einem Finanzbudget ausgestattet, damit Maßnahmen des betrieblichen Gesundheitsmanagements effektiv, gezielt und unmittelbar umgesetzt werden können.«

BILDUNGSEINRICHTUNG, 060700/382/2009

Im öffentlichen Dienst wird wiederholt die Notwendigkeit gesehen, die Finanzierung von Projekten zum BGM sicherzustellen. In einer Dienstvereinbarung aus der Kommunalverwaltung sollen Drittmittel für BGM-Projekte eingeworben werden. Hier werden in der Frage einer angemessenen Finanzierung von BGM-Projekten Krankenkassen, Integrationsämter, Unfallversicherungsträger, Berufsgenossenschaften und Rehabilitationsträger (z. B. Arbeitsagentur) angesprochen.

»Kosten/Finanzierung
Gesundheitsmanagement ist eine Investition in die Gesundheit der Beschäftigten, deren direkter und indirekter Nutzen sich in der Zukunft positiv auswirken wird. Dies macht eine angemessene Finanzierung der Kosten für Gesundheitsmanagement erforderlich. Die [Zuständige] für Finanzen wirbt im Rahmen der Haushaltsaufstellungen entsprechende Mittel für die Gesundheitsförderung im Sinne dieser Dienstvereinbarung ein und stellt sie zur Förderung von Projekten im Rahmen eines Antrags- und Auswahlverfahrens zur Verfügung. Dabei sind die Möglichkeiten der Inanspruchnahme von Drittmitteln zu nutzen. Mögliche Partner sind z. B. gesetzliche Krankenversicherungen, Berufsgenossenschaften, Unfallkasse, Rehabilitationsträger oder Integrationsamt.«

ÖFFENTLICHE VERWALTUNG, 060700/202/2009

Manchmal wird das Budget für ein Jahr konkret festgelegt und in der Mittelverwendung, hier Betriebssport, begrenzt.

> »Die [Firma] stellt jährlich einen Betrag von 25 000 Euro für Betriebssportaktivitäten zur Verfügung. Diese werden durch Marketingbeträge der [Firma] ergänzt.«
>
> VERSICHERUNGSGEWERBE, 060700/210/2007

Nachfolgend wird zunächst ein Budget für Projekte und Maßnahmen des BGM festgelegt. Abhängig vom Jahresergebnis werden Aufstockungsbeiträge zwischen den Betriebsparteien vereinbart. Eine solche konkrete Festlegung findet sich in den Betriebsvereinbarungen selten und aus Haushaltsgründen in Dienststellen gar nicht.

> »Zusätzliche Leistungen des Unternehmens
> Das Unternehmen erhöht das in Nr. 3 genannte Grundbudget von 125 000 Euro in Abhängigkeit vom Betriebsergebnis der [Firma]
> bei einem sehr guten Betriebsergebnis um 100 000 € (auf dann 225 000 €),
> bei einem guten Betriebsergebnis um 85 000 € (auf dann 210 000 €),
> bei einem befriedigenden Betriebsergebnis um 75 000 € (auf dann 200 000 €),
> bei einem ausreichenden Betriebsergebnis um 35 000 € (auf dann 180 000 €).«
>
> MASCHINENBAU, 060700/213/2003

Ressourcen: Räume, Technik, Infrastruktur

Eher selten werden erforderliche Ressourcen und Räume für die Arbeit von Gesundheitsbeauftragten, Gesundheitsteams oder Beteiligungsgruppen konkret geregelt. Die nachfolgende Regelung bildet hier eine Ausnahme. Die Arbeit in den Gesundheitsteams, die sich selbst organisieren sollen, wird als Arbeitszeit gewertet.

> »Die Gesundheitsteams treten monatlich zusammen. Die Arbeit im Team ist Arbeitszeit. Die Gesundheitsteams organisieren sich selber. Dazu werden ihnen zur Unterstützung entsprechende Trainer gestellt. Über die Person des Trainers ist mit dem Betriebsrat Einver-

nehmen zu erzielen. Für ihre Treffen und zur Erledigung der anfallenden Büroarbeiten werden den Teams entsprechende Räumlichkeiten und Ressourcen zur Verfügung gestellt.«

TELEKOMMUNIKATIONSDIENSTLEISTER, 060700/309/2003

Ressourcen: Externe und interne Beratung

In einer Landesverwaltung wird für die Dienststellen im Land ein besonderer Beratungsservice Gesundheitsmanagement aufgebaut. Im Folgenden werden die Aufgaben des Beratungsservices beschrieben. Aus der Aufgabenbeschreibung werden ein tiefgreifendes Verständnis des BGM und seiner vier Kernprozesse sowie Mindeststandards deutlich. Hierbei wird im Sinne von Netzwerkbildung auf den Aufbau eines Netzwerkes der Dienststellen gesetzt.

»Aufgaben des Beratungsservice Gesundheitsmanagement
Die Arbeit des Beratungsservice Gesundheitsmanagement zielt darauf ab, Dienststellen der Landesverwaltung zu befähigen, selbständig Prozesse des Gesundheitsmanagements zu initiieren, geeignete Strukturen aufzubauen oder weiter zu entwickeln und eine nachhaltige Entwicklung zu unterstützen.
Aufgabe des Beratungsservice Gesundheitsmanagement ist insbesondere die/der

- Einstiegsberatung für Dienststellen und Interessenvertretungen,
- Informationssammlung und -weitergabe,
- Netzwerkaufbau zwischen den beteiligten Dienststellen,
- Unterstützung bei der Weiterentwicklung von Fortbildungskonzepten,
- Durchführung von Qualifizierungen (bei Bedarf) [...],
- Erarbeitung von Empfehlungen für gezielte Gesundheitsförderprogramme,
- Projektbegleitung im Einzelfall nach Absprache mit dem [Ort] Innenministerium,
- Geschäftsführung der landesweiten Steuerungsgruppe,
- Begleitung der Evaluation.«

ÖFFENTLICHE VERWALTUNG, 060700/203/2002

Nachfolgend werden für das BGM Krankenkassen und externe Dienstleister im Sinne von Netzwerkbildung in die Pflicht genommen. Intern wird der oder die Beauftragte für Gleichstellung und Diversity hinzugezogen.

> »Führungskräfte, Betriebsräte, Schwerbehindertenvertretungen, Beauftragte für Chancengleichheit und Diversity und die Mitarbeiter stehen in der gemeinsamen Verantwortung, diese GBV zu leben. Dabei unterstützen die Krankenkassen und externe Dienstleister [...] im Rahmen ihrer vertraglichen Verpflichtungen.«
>
> GRUNDSTÜCKS- UND WOHNUNGSWESEN, 060700/379/2010

Ressourcen: Qualifizierung

Im Großen und Ganzen wird in den Vereinbarungen die Bedeutung der Qualifizierung der Gesundheitsexperten, der Führungskräfte und der Beschäftigten für ein nachhaltiges Gesundheitsmanagement angemessen erkannt. Qualifizierung der Beschäftigten bedeutet: ihre Einbeziehung und Befähigung zu einem gesundheits- und arbeitsschutzgerechten Verhalten.

> »Wichtige Ziele (des BGM) sind: gesundheitsförderliche Befähigung und Qualifizierung der Beschäftigten, der Experten und der Führungskräfte sowie gesundheitsförderliche Gestaltung von Strukturen und Geschäftsprozessen. Professionell betriebenes BGM steht in enger Verwandtschaft zum Qualitätsmanagement und schafft Transparenz. Instrumente und Maßnahmen dürfen nicht in Widerspruch geraten zu den Zielen (z. B. Ängste schüren oder Hilflosigkeitsgefühle verstärken).«
>
> FAHRZEUGHERSTELLER KRAFTWAGEN, 060700/70/2003

Nachfolgend sind die Verantwortlichen für die Umsetzung der Betriebsvereinbarung zu schulen. Die Bestimmung bezieht sich auf die Qualifizierung auch von externen Fachkräften, denen Aufgaben des BGM übertragen werden. Die Qualifizierung berücksichtigt Anforderungen aus dem ArbSchG.

»Der Arbeitgeber sorgt dafür, dass die für die Umsetzung der Betriebsvereinbarung verantwortlichen Personen ausreichende Kenntnisse über den neuesten Stand der Technik und der wissenschaftlichen Erkenntnisse über die menschengerechte Gestaltung der Arbeit unter Berücksichtigung der im Unternehmen vorkommenden Gefährdungen und Risiken besitzen bzw. erwerben. Dies hat der Arbeitgeber auch bei externer Vergabe zu gewährleisten.«

INFORMATIONSTECHNIKHERSTELLER, 060700/252/2009

Im Folgenden wird die Qualifizierung mit der Restrukturierung der Organisation in Verbindung gebracht. Qualifizierungsmaßnahmen sollen die Beschäftigten dabei unterstützen, die für den Restrukturierungsprozess erforderlichen Kompetenzen zu erwerben. Allerdings wird anschließend gewarnt, dass die Beschäftigten aktiv und zielgerichtet teilnehmen müssen, da sie sonst mit Konsequenzen wie Arbeitsplatzverlust und Absenkung des Einkommensniveaus rechnen müssen. Im Gegenzug sorgt die Hochschule für die »Optimierung des Gesundheits- und Arbeitsplatzmanagements«. Arbeitsplatzmanagement bedeutet hier, dass die Beschäftigten auch an andere Arbeitsplätze umgesetzt werden können.

»Die Krankenhäuser stehen vor grundlegenden Veränderungen. Die [Hochschule] muss sich diesen Veränderungen stellen. Sie werden zur Folge haben, dass viele Arbeitsplätze zukünftig anders aussehen und andere Kompetenzen erfordern als heute. Das hat Auswirkungen auf die betroffenen Mitarbeiterinnen und Mitarbeiter. Von ihnen werden Veränderungsfähigkeit und -bereitschaft gefordert. Auf der anderen Seite werden neue Arbeitsplätze und neue Chancen entstehen. Die [Hochschule] wird die Veränderungsprozesse mit Qualifizierungs- und Betreuungsprogrammen unterstützen und dabei gleichzeitig für gesundheitsförderliche Arbeitsbedingungen sorgen. Sie wird den betroffenen Mitarbeiterinnen und Mitarbeitern den Bestand eines Arbeitsplatzes an der [Hochschule] und mindestens ihr derzeitiges Einkommensniveau garantieren. Diese Garantie endet, wenn die betroffenen Mitarbeiterinnen und Mitarbeiter an den Veränderungsprozessen nicht oder nicht mehr aktiv und zielgerichtet teilnehmen.

Diese Dienstvereinbarung regelt im Rahmen der beschriebenen Veränderungsprozesse die Optimierung des betrieblichen Gesundheits- und Arbeitsplatzmanagements.«

GESUNDHEIT UND SOZIALES, 060700/183/2007

Im Sinne von Verhaltensprävention werden nachfolgend in einem Konzept Qualifizierungsziele für die Beschäftigten benannt. Grundsätzliches Ziel der Qualifizierung im BGM sollte die Befähigung der Beschäftigten sein, durch eine gesundheitsbewusste Lebens- und Arbeitsweise ihre eigene Gesundheit zu erhalten und zu fördern, Krankheiten vorzubeugen und einem vorzeitigen Verschleiß entgegenzuwirken (Badura et al. 2010, S. 154). Dem kommt das folgende Beispiel nahe.

»Folgende vier Interventionsebenen lassen sich unterscheiden: [...]
- Entwicklung individueller Gesundheitspotenziale (Fähigkeiten zur Bewältigung von Belastungen, angemessene Qualifizierung für Arbeitsanforderungen, gesundheitsförderliches Verhalten etc.)«

ÖFFENTLICHE VERWALTUNG, 060700/258/2006

Führungskräfte und Qualifizierung

Im aktuellen Text einer Stadtverwaltung wird die Qualifizierung strukturell als Personalentwicklung aufgefasst und BGM-Schulungsmaßnahmen im Rahmen des jährlichen Fortbildungsprogramms angeboten. Für Führungskräfte als besondere Zielgruppe des BGM sind diese Schulungsmaßnahmen verpflichtend.

»Qualifizierung
Die Führungskräfte sind gehalten, an Fortbildungsmaßnahmen zum Thema Gesundheitsschutz teilzunehmen, um ihre Verantwortung in diesem Zusammenhang wahrnehmen zu können. Geeignete Maßnahmen werden im Rahmen des internen Fortbildungsprogramms zielgruppenspezifisch verpflichtend angeboten. Zusätzlich bietet die Stadt jährlich für Beschäftigte ein zielgruppenorientiertes Gesundheitsprogramm an.«

ÖFFENTLICHE VERWALTUNG, 060700/352/2010

Nachfolgend wird beschrieben, weshalb die Führungskräfte im BGM qualifiziert werden müssen. Dabei wird zu Recht herausgestellt, welche Bedeutung ihr Führungshandeln für die Gesundheit der Mitarbeiterinnen und Mitarbeiter hat.

> »Eine Schlüsselfunktion im Rahmen des Gesundheitsmanagements haben Führungskräfte. Sie nehmen durch die Gestaltung der Aufgaben, der Arbeitsorganisation und des sozialen Arbeitsumfelds stark Einfluss auf die Gesundheit ihrer Mitarbeiterinnen und Mitarbeiter. Gesundheitsförderliches Führungsverhalten bedarf daher nicht nur der Fach- und Methodenkompetenz, sondern auch in sehr hohem Ausmaß der Sozialkompetenz. Neben den bereits bestehenden Qualifizierungsangeboten für Führungskräfte zur Erweiterung ihrer Führungskompetenzen sollte dabei vor allem die Sensibilisierung von Vorgesetzten für ihren Einfluss auf das Wohlbefinden ihrer Mitarbeiterinnen und Mitarbeiter sowie die Gesprächsführungskompetenz im Vordergrund stehen.«
>
> ÖFFENTLICHE VERWALTUNG, 060700/215/2008

In einer Richtlinie werden Führungskräfte in die Pflicht genommen und ihre Aufgaben im BGM (hier: Arbeitsschutz) spezifiziert. Offen werden disziplinarrechtliche und strafrechtliche Sanktionen angedroht.

> »Die Führungskraft muss die persönliche und fachliche Qualifikation besitzen.
>
> Die Führungskräfte haben insbesondere folgende Aufgaben:
>
> – Festlegung der Arbeitsschutzaufgaben und Übertragung auf geeignete Mitarbeiter/innen (Geschäftsverteilung),
> – Zusammenarbeit mit der Fachkraft für Arbeitssicherheit und dem Betriebsarzt, insbesondere bei der Ermittlung der Gefährdungen und Belastungen sowie z. B beim Erstellen von Gefahrstofflisten und Betriebsanweisungen,
> – Berücksichtigung des Arbeitsschutzes bei Planung, Beschaffung und Instandhaltung,
> – geeignete persönliche Schutzausrüstungen sicherstellen,
> – Unterweisungen am Arbeitsplatz gewährleisten,
> – für eine ausreichende Anzahl von Ersthelfern sorgen.

Die Führungskräfte sind an Stelle des Arbeitsgebers verantwortlich für die Arbeitssicherheit der ihnen anvertrauten Mitarbeiter/innen (Führungspflicht), sie haben auch die Verantwortung für die Verkehrssicherungspflicht gegenüber Dritten.
Wer seine Aufgaben als Führungskraft nicht erfüllt, handelt auch nicht pflichtgemäß. Für eine strafrechtliche Verurteilung reicht bei Personenschäden einfache Fahrlässigkeit aus. Disziplinarrechtliche Sanktionen sind möglich.«

ÖFFENTLICHE VERWALTUNG, 060700/232/2000

Auch die nachfolgende Bestimmung zur Führungskräftequalifizierung als Voraussetzung für ein gelingendes BGM verdeutlicht die hohe Verantwortung und besondere Bedeutung der Führungskräfte im BGM.

»Qualifizierung der Führungskräfte
Den Führungskräften kommt im Betrieblichen Gesundheitsmanagement eine besondere Bedeutung zu. Ihr Führungsverhalten hat Einfluss auf das Befinden, die Motivation und die Gesundheit ihrer Mitarbeiterinnen und Mitarbeiter. Alle Führungskräfte haben daher eine hohe Verantwortung und Verpflichtung für das Erreichen der Ziele, die unter Ziffer 3 genannt sind. Sie werden durch entsprechende Qualifizierungsmaßnahmen in ihren Aufgaben unterstützt. Dies insbesondere in Organisationseinheiten, in denen Projekte zum Betrieblichen Gesundheitsmanagement durchgeführt werden.
Darüber hinaus ist Betriebliches Gesundheitsmanagement verpflichtender Bestandteil der Führungskräftequalifizierung.«

ÖFFENTLICHE VERWALTUNG, 060700/239/2009

Analyseteam und Qualifizierung

Nachfolgend wird von den Mitgliedern eines Lenkungsteams und des Analyseteams für die Gefährdungsbeurteilung nach § 5 ArbSchG die erforderliche Sachkunde verlangt. Sie soll durch die Teilnahme an Qualifizierungen erlangt werden.

»Sachkunde
Den mit der Durchführung der Gefährdungsbeurteilung betrauten Mitgliedern des Lenkungsteams und der Analyseteams ist insbesondere im Bereich der Beurteilung der aufgeführten Belastungsarten die Möglichkeit zur Teilnahme an Schulungsveranstaltungen zur Erlangung der notwendigen Sachkunde unter Berücksichtigung der betrieblichen Belange zu gewähren.«

METALLVERARBEITUNG, 060700/79/2003

Ressourcen: Freistellung, Arbeitszeit

Leider zu selten wird von den Vertragsparteien die Notwendigkeit gesehen, Projektbeteiligte im BGM zeitlich von ihrer Alltagsarbeit zu entlasten und sie für Aufgaben des BGM ausdrücklich freizustellen. Das gilt auch für die Beteiligung (Partizipation) von Beschäftigten in Maßnahmen des BGM, die ebenfalls als Arbeitszeit zu werten ist. Das folgende Beispiel hat somit eher Seltenheitswert.

»Inanspruchnahme von Arbeitszeit
Für die Teilnahme an Maßnahmen zur Gesundheitsförderung in der Dienststelle können Beschäftigte freigestellt werden, sofern dies im unmittelbaren dienstlichen Interesse liegt und dies die dienstlichen Erfordernisse erlauben.
Die Mitarbeit in Projekt- oder Arbeitsgruppen (z. B. Gesundheitszirkel) gilt als dienstliche Arbeitszeit.«

ÖFFENTLICHE VERWALTUNG, 060700/203/2002

2.1.7 Instrumente und Methoden des BGM

In den Vereinbarungen werden zahlreiche Instrumente und Methoden für die Kernprozesse des BGM genannt und teilweise recht ausführlich geregelt. Im folgenden Kapitel wird erörtert, inwieweit neue und bewährte Instrumente für ein qualitätsorientiertes BGM bekannt sind und genutzt werden.
Nachfolgend werden fast vollständig übliche BGM-Instrumente anhand einer Checkliste aufgezählt, ohne dass sie im Einzelnen bewertet werden. Sie werden an dieser Stelle den Phasen der Analyse (= Diagnose)

und der Umsetzung (= Intervention) zugeordnet. Allerdings ist der Begriff der Instrumente unklar, weil zusätzlich Umsetzungsmaßnahmen oder »Interventionen« wie z. B. Arbeitsplatzumgestaltung, Arbeitszeitgestaltung, Qualifizierungsmaßnahmen oder Maßnahmen der Gesundheitsförderung aufgezählt werden.

»Instrumente der Analyse
- Krankenstandsdaten
- Krankenstandsanalyse
- Unfallanalysen
- Gefährdungs- und Belastungsanalysen
- Daten der Krankenkassen zu den Krankheiten
- Ergonomische Analysen
- Mitarbeiterbefragung
- Gruppendiskussionsverfahren
- jährlicher Gesundheitsbericht

Instrumente für Umsetzungsmaßnahmen
- Gesundheitszirkel
- Informationsveranstaltungen
- Veröffentlichungen
- Führungskräfteseminare
- Arbeitsplatzgestaltung
- Coaching
- Teamentwicklung

Sonstige Maßnahmen
- Arbeitsplatzumgestaltung

[...].«

ÖFFENTLICHE VERWALTUNG, 060700/229/2004

Fehlzeiten, Krankenrückkehrgespräche und Fehlzeitenstatistik

Die vorliegende Untersuchung rechnet das Fehlzeitenmanagement ausdrücklich nicht zum BGM (anders Oppolzer 2010, S. 175 ff.). Kritisch sehen nachfolgend die Vertragsparteien die Reduzierung der Krankenstände als einziges Erfolgskriterium.

»Den Erfolg Betrieblichen Gesundheitsmanagements ausschließlich an der Reduzierung des Krankenstandes zu messen, würde in jedem Fall zu kurz greifen. Vielmehr geht es darum, die Belastungen für die Beschäftigten zu mindern und die Ressourcen zu stärken. Mit der gesundheitlichen Leistungsfähigkeit der Beschäftigten erhöht sich auch deren Wohlbefinden – hier entsteht für Arbeitgeber und Arbeitnehmer eine ›Win-win-Situation‹ [...].«

Öffentliche Verwaltung, 060700/239/2009

Das Fehlzeitenmanagement dient der Disziplinierung kranker Beschäftigter und ist nicht mit den Zielen des BGM vereinbar. Krankenrückkehrgespräche sind für die Phase der Analyse ungeeignet (Bamberg et al. 2011, S. 206). Dennoch konzentrieren sich zumindest einige Vereinbarungen auf interne Daten über Fehlzeiten und favorisieren zudem Krankenrückkehrgespräche und Fehlzeitenstatistiken als Instrumente des BGM. Betriebsvereinbarungen, die sich mit der Implementierung und Anwendung von Krankenrückkehrgesprächen beschäftigen und in denen das BGM nur eine untergeordnete Rolle spielt, liegen der Untersuchung nicht zugrunde (vgl. Kiesche 2010).
Es stellt sich die Frage, inwieweit das Fehlzeitenmanagement in den Vereinbarungen noch eine Rolle spielt. Nachfolgend wird das Ziel der nachhaltigen Reduzierung von Fehlzeiten vertreten. Das Mitarbeitergespräch und Fehlzeitengespräche sind Instrumente zur Erhöhung der Eigenverantwortung und Motivation der Beschäftigten.

»Die Einführung von Jahres-Mitarbeitergesprächen und Fehlzeitengesprächen soll die Kommunikation zwischen Führungskräften und Mitarbeiterinnen/Mitarbeitern in den Bereichen verbessern. Hierdurch sollen positive Entwicklungen gestärkt, Schwachstellen bei Arbeitsbedingungen und -organisation erkannt und beseitigt werden und die Eigenverantwortung der Beschäftigten gefördert werden mit dem Ziel, die Motivation zu erhöhen und die Fehlzeiten nachhaltig zu senken.«

Gesundheit und Soziales, 060700/98/2005

In einer Betriebsvereinbarung von 2009 werden Krankenrückkehrgespräche (KRG), hier als Präventions- und Fürsorgegespräche bezeichnet, und das BEM nach § 84 Abs. 2 SGB IX ausdrücklich als Instrumente einer BGF genannt. Dabei bleibt außer Acht, dass das gleichzeitige Praktizieren von KRG und BEM höchst problematisch und rechtlich zweifelhaft ist.

> »Die Vertragspartner stimmen in der Erkenntnis überein, dass betriebliche Gesundheitsförderung einen nachhaltigen und sozialpartnerschaftlichen Beitrag zur Sicherung des Unternehmenswertes darstellt. Dabei zielt das Gesundheitsmanagement auf umfassende präventive Maßnahmen zur Teilhabe am Arbeitsleben, zur Aufrechterhaltung, Verbesserung und Wiederherstellung der Arbeits- und Beschäftigungsfähigkeit. Zentrale Elemente hierfür sind strukturierte Präventions- und Fürsorgegespräche sowie das Betriebliche Eingliederungsmanagement gemäß § 84 Abs. 2 SGB IX.«
>
> LUFTVERKEHR, 060700/241/2009

Im Folgenden wird eine Fehlzeitenstatistik für die Diagnosephase des BGM als notwendig angesehen. Es wird dabei nicht klar, ob es sich um eine anonymisierte Fehlzeitenstatistik handeln soll. Hier wird verkannt, dass der BGM-Ansatz nicht bei der Erhebung und Auswertung von Daten über Fehlzeiten beginnen, der Krankenstand bei der datengestützten Evaluation keine Dominanz mehr haben sollte und der Erkenntniswert solcher Statistiken für die Kernprozesse des BGM äußerst gering ist (Badura et al. 2010, S. 141). Die internen Daten über den Krankenstand ermöglichen nämlich keine direkten Aussagen über die Ursachen von Erkrankungen. Das Phänomen des Präsentismus und dessen betriebswirtschaftliche negative Folgen werden gegenüber dem Absentismus in dieser Vereinbarung und in ähnlichen Vereinbarungen leider stets vernachlässigt. Der Gesundheitsbericht als Alternative zur Fehlzeitenstatistik in einer transparenten und für Beschäftigte ansprechenden Form (Badura et al. 2010, S. 263 ff.) wird ebenfalls nicht in Betracht gezogen.

> »Die differenzierte Auswertung der krankheitsbedingten Fehlzeiten in den Fachbereichen und in der gesamten Verwaltung ermöglicht Aussagen, ob geschlechts- und altersspezifische, berufsgruppen- und beschäftigtengruppenspezifische Unterschiede bestehen. Dadurch wird gezielte Prävention möglich.«
>
> ÖFFENTLICHE VERWALTUNG, 060700/229/2004

Dagegen sehen die Projektbeteiligten nachfolgend das Problematische und Unzulängliche an einer Orientierung des BGM am Krankenstand bzw. an einer vergleichenden Fehlzeitenstatistik, die für die Diagnosephase nur eine Groborientierung liefert. Stattdessen wird die Mitarbeiterbefragung als BGM-Instrument hervorgehoben und auf Organisationspathologien wie z. B. »innere Kündigung« oder Mobbing als Ursachen für arbeitsbedingte Erkrankungen hingewiesen.

> »In diesem Zusammenhang ist anzumerken, dass ein Vergleich von Daten, z. B. Krankenstände, nur eine ›Groborientierung‹ leisten kann. Die Ergebnisse der Problemanalysen und der Mitarbeiterbefragung tragen dazu bei, Prioritäten bei der Beseitigung von Problemen und Gefährdungen sowie bei der Entwicklung von Maßnahmen der Gesundheitsförderung zu setzen. Den arbeits- und betriebsbedingten Krankheitsursachen ist auf den Grund zu gehen, und falls möglich sind diese auch zu beheben. Aus der Mitarbeiterbefragung sind insbesondere Hinweise auf mögliche Ursachen von krankheitsbedingten Fehlzeiten zu entnehmen, die im Zusammenhang mit ›Frustsituationen‹ und ›Betriebsklimatischen Störungen‹ sowie spezifischen Arbeitsbelastungen und Umständen stehen.«
>
> ÖFFENTLICHE VERWALTUNG, 060700/232/2000

Im Folgenden wird von einer internen Fehlzeitenstatistik als Analyseinstrument für die Diagnosephase ausgegangen, die im Lenkungsausschuss für Gesundheit erstellt wird. Sie soll in ausschließlich anonymisierter Form erstellt werden. Offen bleibt, wie die Anonymisierung erreicht wird und welche Mitarbeiteranzahl die betroffenen Bereiche aufweisen sollen.

> »Bereiche mit überdurchschnittlichen Fehlzeiten sind vorrangig zu untersuchen. [Firmen-]spezifische Arbeitsabläufe wie z. B. Schicht- und Wechseldienst sind bei der Ursachenermittlung besonders zu berücksichtigen. In die Analyse und Auswertungen der Fehlzeiten gemäß Anlage 4 sowie in die Erarbeitung der zu ziehenden Schlussfolgerungen und Maßnahmen ist der zuständige Betriebsrat und die zuständige Schwerbehindertenvertretung von Anfang an mit einzubinden (Arbeitskreise für Gesundheit).«
>
> LANDVERKEHR, 060700/172/2001

Im selben Unternehmen wird die Erfassung der krankheitsbedingten Fehlzeiten in einer Anlage zur Betriebsvereinbarung als »Leistungsausfall« detailliert geregelt. Zudem werden Angaben zu den erfassten Daten gemacht. Es sollen dabei die Daten im Personalinformationssystem ausgewertet werden. Die Erfassung der Arbeitsunfähigkeitszeiten ohne ärztliches Attest ist als Leistungs- und Verhaltenskontrolle zu werten. Die Daten könnten für die Vorbereitung einer krankheitsbedingten Kündigung genutzt werden.

> »Erfassung/Beurteilung von Fehlzeiten als Leistungsausfall
> Die wirtschaftliche Führung des Betriebes erfordert die Analyse der Ausfall- und Fehlzeiten. Arbeitsleistungen und Fehlzeiten sind [...] als Soll- und Ist-Stunden zu erfassen.
> In der Leistungsausfallstatistik werden erfasst:
> Auf Grund von Krankheit:
> – Arbeitsunfähigkeiten ohne Nachweis mit einer Dauer bis einschl. 3 Tage
> – Arbeitsunfähigkeiten mit Nachweis mit einer Dauer bis einschl. 42 Tage
> – Arbeitsunfähigkeiten mit Nachweis mit einer Dauer über 42 Tage
> – Teilausfälle infolge Arbeitsunfähigkeit
> [...] Zu beachten ist die korrekte Buchung der Fehlzeitdauer. Nach Ende der krankheitsbedingten Fehlzeit sind arbeitsfreie Tage auf Grund von Schichteinteilung oder Wochenenden/Feiertagen als solche zu buchen.
> Leistungsausfälle auf Grund tarifvertraglicher Arbeitsfreistellungen werden in der Krankenstandstatistik nicht erfasst.«
>
> LANDVERKEHR, 060700/172/2001

In einer Dienstvereinbarung aus dem Jahr 2007 ist die Fehlzeitenanalyse in der Hochschule verpflichtend, wenn Organisationseinheiten am BGM teilnehmen wollen. Die Grundlagen für die systematische Fehlzeitenerhebung und -auswertung soll in einem AOK-Projekt bestehen, wobei die Teilnahme an dem Projekt freiwillig ist. Der Begriff Gesundheitsbericht wird nicht verwendet.

> »Die systematische Erhebung und Auswertung von Fehlzeiten soll mittelfristig in allen Organisationseinheiten der [Hochschule] erfolgen. Der Aufbau dieses Systems erfolgt schrittweise im Rahmen des ›AOK-Projektes‹ und durch freiwillige Beteiligung von Organisationseinheiten.
> Die Einzelheiten der Erhebung, der Auswertung, des Vergleichs, der Bekanntgabe etc. von Fehlzeiten werden im ›AOK-Projekt‹ geregelt. Organisationseinheiten, die auf das betriebliche Gesundheitsmanagement zurückgreifen, müssen die systematische Fehlzeitenerhebung einführen.«
>
> Gesundheit und Soziales, 060700/183/2007

Auch die folgende Dienstvereinbarung zeigt: Mit der Fehlzeitenstatistik sollen zusammen mit Arbeitsunfähigkeitsdaten auch Daten zum Geschlecht, zum Alter, zur Berufsgruppe und zur Beschäftigtenberufsgruppe erhoben und ausgewertet werden. Hier ist die Anonymisierung dieser Daten schwerlich möglich.

> »Die differenzierte Auswertung der krankheitsbedingten Fehlzeiten in den Fachbereichen und in der gesamten Verwaltung ermöglicht Aussagen, ob geschlechts- und altersspezifische, berufsgruppen- und beschäftigtengruppenspezifische Unterschiede bestehen. Dadurch wird gezielte Prävention möglich.«
>
> Öffentliche Verwaltung, 060700/229/2004

In der folgenden Dienstvereinbarung wird das BEM als Teil des BGM geregelt. Wenn ein berechtigter Beschäftigter in diesem Fall dem BEM nicht zustimmt, muss er nach drei Monaten zu einem Runden Tisch im Betrieb, der seine krankheitsbedingten Fehlzeiten verhandelt. Über die Teilnehmenden des Runden Tisches als Teil des Fehlzeitenmanagements und notwendige Datenschutzvorkehrungen wird nichts ausgesagt.

> »Ein Runder Tisch wegen aufgetretener Fehlzeiten darf frühestens drei Monate nach einer negativen Entscheidung einer Mitarbeiterin/eines Mitarbeiters zum Angebot auf Teilnahme am betrieblichen Eingliederungsmanagement einberufen werden.«
>
> Gesundheit und Soziales, 060700/183/2007

Gesundheitsbericht

In der folgenden Betriebsvereinbarung wird anhand der untersuchten Vereinbarungen überprüft, ob und mit welchen Inhalten der Gesundheitsbericht in den Dienstleistungsorganisationen, Verwaltungen und Industrieunternehmen genutzt wird. Regelmäßig wird der zu erstellende Gesundheitsbericht mit möglichen Datenquellen und Evaluationskriterien angeführt. Dabei soll auch ausdrücklich das betriebliche Erfahrungswissen im BGM einfließen, was unter Qualitätsaspekten nur zu empfehlen ist.

> »[Zur] Bewertung und Information dient ein regelmäßig zu erstellender Gesundheitsbericht. In ihm müssen alle Daten und Informationen enthalten sein, die für die Identifikation, Analyse und Bewertung gesundheitlicher Probleme und ihrer Ursachen sowie zur Abschätzung der Bedarfsgerechtigkeit, Wirksamkeit und Wirtschaftlichkeit der einzuleitenden Maßnahmen erforderlich sind. In den Bericht sollten u. a. einfließen:
> - Ergebnisse der (internen) Fehlzeitenanalyse, Gefährdungsanalysen etc.
> - Ergebnisse der Mitarbeiterbefragungen
> - Wissen und Erfahrungen der Experten
> - Wissen und Erfahrungen der Beschäftigten
> - Wissen und Erfahrungen der Werksleitung
> - Wissen und Erfahrungen des Betriebsrats
>
> Er muss über den Stand der verabschiedeten Maßnahmen und geplanten Schwerpunkte unterrichten.«
>
> FAHRZEUGHERSTELLER KRAFTWAGEN, 060700/70/2003

Die Betriebsparteien der folgenden Vereinbarung regeln einen umfassenden Gesundheitsbericht und ordnen ihn in BGM-Kernprozesse ein. Der Steuerungskreis BGM nutzt ihn für die Bedarfsanalyse bei der Diagnose und für die Evaluation.

> »Zu den konkreten Aufgaben des Steuerungskreises gehören insbesondere:
> - Zusammenfassung aller für den Gesundheitsbericht relevanten Informationen: z. B. Gefährdungs-, Belastungsanalysen und Doku-

mentationen; andere arbeitsmedizinische und sicherheitstechnische Erhebungen, Arbeitsunfähigkeitsanalysen; Informationen und Vorschläge aus den Gesundheitszirkeln,
- Auswertung und Interpretation des Gesundheitsberichts und Bewertung von Gesundheitsrisiken,
- Einrichtung und Beratung von Gesundheitszirkeln sowie Umsetzung der Vorschläge,
- Erstellung eines Programms zur Gesundheitsförderung und
- regelmäßige Auswertung der Erkenntnisse.«

ÖFFENTLICHE VERWALTUNG, 060700/65/2002

Die Vereinbarung aus einer Kreisverwaltung listet akribisch auf, welche Daten für eine erste Problemanalyse (Diagnosephase des BGM) genutzt werden sollen. Dazu gehören u. a. Daten über das Unfallgeschehen, die durchaus für BGM-Prozesse wie Diagnose und Evaluation von Bedeutung sind. Hier werden auch Arbeitsplatzbegehungen nicht ausgespart.

»Für eine erste Problemanalyse in der Kreisverwaltung [Ort] werden folgende intern und extern verfügbare Datenquellen und Erkenntnisse genutzt:
- Protokolle des Arbeitsschutz-Ausschusses
- Jahresbericht des betriebsärztlichen Dienstes
- Unfallstatistik des Arbeitssicherheitsdienstes
- Krankentage-Statistik
- Auswertung des Fragebogens ›Bildschirm-Arbeitsplatz‹
- Schwerbehinderten-Statistik
- Erwerbsunfähigkeit-Statistik
- Bericht ›Betriebliche Suchtberatung‹
- Erfahrungswerte aus schon durchgeführten Präventionsmaßnahmen, z. B. Rückenschule, ›Herz-Check-up‹ u. Erste-Hilfe-Kurs
- Auswertung der Großen Mitarbeiterbefragung – Teil: Gesundheit
- Hinweise der Mitarbeiter/innen z. B. in den Gesundheitszirkeln
- Systematische Begehung von Arbeitsplätzen
- Einbeziehung der Ergebnisse des Ausschusses für Arbeitssicherheit.«

ÖFFENTLICHE VERWALTUNG, 060700/232/2000

Mitarbeiterbefragungen

In vielen Vereinbarungen ist die Beteiligung der Beschäftigten als Experten ihrer Arbeit ein wichtiger Grundsatz. In diesem Zusammenhang wird neben den Gesundheitszirkeln und anderen Beteiligungsgruppen oftmals das Instrument der anonymisierten Mitarbeiterbefragung favorisiert. Beim Einsatz der Mitarbeiterbefragung sollte der Aufwand keinesfalls unterschätzt werden (Badura/Steinke 2009, S. 39).

> »Als wesentliche Grundlage seiner Planungen und zum Einstieg in die Analyse notwendiger Maßnahmen veranlasst der Steuerungskreis Gesundheitsmanagement die Durchführung einer Mitarbeiterbefragung. Die Befragung dient der Erfassung der gesundheitlichen Situation der Beschäftigten. Sie soll Erkenntnisse über das Betriebsklima sowie über Arbeitsbelastungen und Gesundheitsgefahren in der Behörde liefern. Sie ist ein erster Schritt zur Beteiligung der Beschäftigten an der Umsetzung des BGM.«
>
> Öffentliche Verwaltung, 060700/65/2002

Mitarbeiterbefragungen dienen dazu, in der Phase der Diagnose Informationen über den direkten Zusammenhang von Belastungen und Beschwerden am Arbeitsplatz und für die Prioritätensetzung durch Beteiligung der Beschäftigten zu erhalten. Diesen Zusammenhang sehen die Vertragsparteien einer öffentlichen Verwaltung.

> »Die Ergebnisse der Problemanalysen und der Mitarbeiterbefragung tragen dazu bei, Prioritäten bei der Beseitigung von Problemen und Gefährdungen sowie bei der Entwicklung von Maßnahmen der Gesundheitsförderung zu setzen. Den arbeits- und betriebsbedingten Krankheitsursachen ist auf den Grund zu gehen, und falls möglich sind diese auch zu beheben. Aus der Mitarbeiterbefragung sind insbesondere Hinweise auf mögliche Ursachen von krankheitsbedingten Fehlzeiten zu entnehmen, die im Zusammenhang mit ›Frustsituationen‹ und ›Betriebsklimatischen Störungen‹ sowie spezifischen Arbeitsbelastungen und Umständen stehen.«
>
> Öffentliche Verwaltung, 060700/232/2000

Im Folgenden hat der Ausschuss für Gesundheitsmanagement die Aufgabe, eine Mitarbeiterbefragung zu planen und vorzubereiten. Deutlich werden Themen des Datenschutzes sowie Arbeitsschritte bei der Vorgehensweise benannt. Eine Identifizierung von Mitarbeiterinnen und Mitarbeitern soll ausgeschlossen werden. Die Freiwilligkeit der anonymen Befragung wird hervorgehoben. Der Fragebogen ist zudem geschlechtsdifferenzierend auszuwerten, ein sehr seltener Hinweis in den Vereinbarungen. Die Beschäftigten werden hinreichend über die Mitarbeiterbefragung einschließlich der Ergebnisse und der Maßnahmen informiert.

> »Mitarbeiterbefragungen: Inhalte, Auswertungskriterien und Durchführung werden [...] in Einvernehmen mit der Dienststellenleitung und dem Personalrat festgelegt. Bei einer gegebenen Zuordnungsmöglichkeit von Einzelpersonen aufgrund von Zuordnungskriterien sind Befragungen auszuschließen. Zur Durchführung dieser schriftlichen Befragungen kann die Dienststelle fachlich geeignete externe Stellen mit der Durchführung und Auswertung beauftragen. Die Teilnahme der Beschäftigten an der anonymen Befragung ist freiwillig. Die Befragung ist so angelegt, dass die Daten geschlechterdifferent ausgewertet werden können. Die Ziele, die Ergebnisse und die daraus folgenden Maßnahmen werden den Beschäftigten bekannt gemacht.«
>
> ÖFFENTLICHE VERWALTUNG, 060700/165/2007

Nachstehend wird die Mitbestimmung des Personalrats bei der Planung und Durchführung der Mitarbeiterbefragung angesprochen. Hier wird von einer erforderlichen Mindestgröße von 50 Personen (Badura et al. 1999, S. 85) ausgegangen, damit eine Anonymität der Teilnehmenden noch gewährleistet werden kann. Das sehen so auch die Krankenkassen bei der Erstellung von Gesundheitsberichten. Diese Mindestgröße von 50 Personen lässt sich in wenigen Vereinbarungen, besonders aus der öffentlichen Verwaltung, nachweisen.

> »Mitarbeiterbefragungen zur Gesundheit bedürfen der Zustimmung des Personalrates und werden anonymisiert durchgeführt. Sie unterliegen den strengen Anforderungen des Datenschutzes. Deshalb

> dürfen Mitarbeiterbefragungen nicht unter einer Teilnehmerzahl von 50 Personen durchgeführt werden.
> Die Auswertung erfolgt durch fachbereichsexterne Experten. Die Daten werden verschlüsselt verarbeitet. In der Stadtverwaltung kommen dafür der [...] Bürgerservice, Ressort Statistik und Wahlen, oder die Experten der [Krankenkasse] infrage. Es gelten die Festlegungen der Rahmenvereinbarung mit der [Krankenkasse].«
>
> ÖFFENTLICHE VERWALTUNG, 060700/229/2004

In einer neueren Vereinbarung für eine Stadt wird ein allgemeiner Fragebogen für die Mitarbeiterbefragung als erster Schritt der Mitarbeiterbeteiligung eingesetzt. Er kann um bereichsspezifische Probleme und Fragen ergänzt werden. Dann setzt die Mitbestimmung der örtlichen Personalräte ein.

> »Die Mitarbeiterbefragung ist vor der Durchführung bzw. Installation von Gesundheitszirkeln ein erster Beteiligungsschritt der Beschäftigten hinsichtlich der Erfassung arbeitsbedingter Gesundheitsbeeinträchtigungen.
> Für Mitarbeiterbefragungen wird ein stadtweit geeigneter Fragenkatalog eingesetzt. Dieser kann mit Zustimmung des Personal- und Organisationsreferates bei Bedarf um die spezifischen Belange der Projektbereiche ergänzt werden. In diesem Fall ist die örtliche Personalvertretung zu beteiligen.«
>
> ÖFFENTLICHE VERWALTUNG, 060700/239/2009

Gesundheitszirkel und sonstige Beteiligungsgruppen

In vielen Vereinbarungen zum BGM sind Gesundheitszirkel bzw. weitere Beteiligungsgruppen wie z. B. Diagnose-Workshops oder Fokusgruppen eine wichtige Möglichkeit, Beschäftigte als Experten ihrer Arbeitssituation umfassend zu beteiligen (Bamberg et al. 2011, S. 142ff.). Eine weitere Möglichkeit zur Beteiligung bietet die Teilnahme von Beschäftigten an Projekten.

Der Sinn von Gesundheitszirkeln – hier als Begriff für Gruppendiskussionen im BGM gebraucht – wird erkannt und die Vorgehensweise bei der Einführung von Zirkelarbeit festgelegt. In den moderierten Gruppendiskussionen soll das Experten- und Vorgesetztenwissen mit dem

Erfahrungswissen der Beschäftigten über belastende Arbeitsbedingungen und mögliche gesundheitsgerechte Problemlösungen zusammengebracht werden.

»Durchführung von Gesundheitszirkeln
Gesundheitszirkel sind zeitlich befristete, arbeitsplatzbezogene Gesprächskreise. Hier wird das Erfahrungswissen der Beschäftigten über Belastungen am Arbeitsplatz und daraus resultierende gesundheitliche Beschwerden aufgegriffen und nutzbar gemacht. Auf Basis der vorhandenen Informationen [...] werden in diesen Gesundheitszirkeln, die extern (z. B. von Krankenkassen) oder intern (z. B. von Mitgliedern des Arbeitskreises Gesundheit) moderiert und betreut werden, gesundheitsbelastende Arbeitsbedingungen ermittelt, Vorschläge für die Beseitigung oder Verminderung dieser Belastungen erarbeitet und ein Bericht für den AKG [Arbeitskreis Gesundheit] gefertigt.
Der Zirkel setzt sich aus max. 12 Mitarbeiterinnen und Mitarbeitern eines Fachbereichs zusammen, die sich zu 6 bis 8 Sitzungen treffen. Die Teilnahme ist freiwillig und wird auf die Arbeitszeit angerechnet. Nach einem halben Jahr wird ein Feedback-Workshop durchgeführt, in dem eine Evaluation der eingeleiteten Veränderungen vorgenommen wird.«

Öffentliche Verwaltung, 060700/253/2006

Besonders wichtig sind Regelungen darüber, wie das Unternehmen mit den Vorschlägen der Gesundheitszirkel umgehen will. Werden die Vorschläge umgesetzt? Wie lange dauert die Umsetzungsphase? Wird den Beschäftigten begründet, weshalb die Vorschläge nicht umgesetzt werden? Ansonsten kann schnell die Motivation nachlassen, sich an Gruppendiskussionen noch zu beteiligen. Selten wird die Maßnahmenumsetzung konkret geregelt.

»Maßnahmenumsetzung
Der Arbeitskreis Gesundheit berät über die Umsetzung der erarbeiteten Vorschläge des Gesundheitszirkels. Die Entscheidung über die Umsetzung verbleibt bei den verantwortlichen Leitungen des jeweiligen Projektbereiches (Umsetzungsverantwortlichkeit). Verzö-

gerungen in der Maßnahmenumsetzung sowie die Ablehnung von Vorschlägen sind zu begründen und den Mitgliedern des Gesundheitszirkels sowie den Beschäftigten mitzuteilen.«

Öffentliche Verwaltung, 060700/239/2009

Auch bei diesem Instrument ist ein Lernzyklus einzubauen. Die Arbeit der Gesundheitszirkel ist zu evaluieren, z. B. mit einer Auswertungssitzung und einer Folgebefragung im Arbeitsbereich zu den Auswirkungen.

»Erfolgskontrolle
Zur Erfolgskontrolle der Gesundheitszirkelarbeit finden spätestens zwölf Monate nach Ende der Zirkelarbeit eine Auswertungssitzung mit den Teilnehmern und eine Folgebefragung im Arbeitsbereich statt.«

Öffentliche Verwaltung, 060700/246/2001

Fokusgruppen sind Beteiligungsgruppen mit Beschäftigten aus der gleichen Hierarchiestufe. Sie ähneln den Gesundheitszirkeln im Ablauf und in der Zusammensetzung. Sie sollen zügig Probleme in den Arbeitsbedingungen diskutieren und Lösungsvorschläge erarbeiten. Die Ergebnisse stellt die Moderatorin oder der Moderator im Arbeitskreis Gesundheit vor.

»Fokusgruppen werden bei Bedarf vom Arbeitskreis Gesundheit installiert und setzen sich aus ca. 10 Beschäftigten aus der gleichen Hierarchiestufe innerhalb einer Arbeitseinheit zusammen, in denen ein komplexeres Thema bearbeitet werden soll. Fokusgruppen werden von einer Person mit einer Moderatorenausbildung moderiert. Sie kommen ca. für 4–5 Stunden oder auch tageweise zusammen. Sie tagen im Normalfall nicht mehr als fünf Mal. In diesem Zeitraum sollte das gestellte (zu lösende Problem) Thema abgearbeitet sein. Die Arbeitsschritte, die Lösungsansätze und Vorschläge werden schriftlich festgehalten. Die Ergebnisse der Fokusgruppe(n) werden im Arbeitskreis Gesundheit durch den Moderator vorgestellt.«

Telekommunikationsdienstleister, 060700/309/2003

In einem BGM-Konzept werden Diagnose-Workshops als Instrument zur Diagnose von Bedarf und für die Evaluationsphase beschrieben und die damit verbundene Mitarbeiterorientierung hervorgehoben. Im Vergleich zu Mitarbeiterbefragungen stellen die Vertragsparteien einen geringeren Ressourcenbedarf für die Diagnose-Workshops fest.

> »Diagnose-Workshops
> Ergänzend oder alternativ zu Gesundheitszirkeln können Diagnose-Workshops durchgeführt werden. Vorteil: Sie sind ein sofort einsetzbares Erhebungsinstrument und liefern kurzfristig verwertbare Informationen über Belastungsschwerpunkte und praxisnahe Verbesserungsvorschläge. Sie basieren unmittelbar auf der aktiven Beteiligung der Beschäftigten, und im Vergleich zur Mitarbeiter/innenbefragung ist der Aufwand für die Vorbereitung, Durchführung und Auswertung geringer. Die wiederholte Durchführung von Diagnose-Workshops gibt Aufschluss über die Wirksamkeit von Verbesserungsvorschlägen.«

Öffentliche Verwaltung, 060700/258/2006

Betriebs- und Arbeitsplatzbegehungen

Betriebs- und Arbeitsplatzbegehungen spielen in den Vereinbarungen nur eine untergeordnete Rolle. In letzter Zeit werden sie verstärkt in der Praxis des BEM eingesetzt. Nachfolgend wird zwar das Instrument aufgezählt, aber nicht näher beschrieben.

> »Zielgerichtete Programm- und Maßnahmenentwicklungen und Einsatz geeigneter professioneller Instrumente zur Gesundheitsförderung.
> Beispiele für Instrumente der betrieblichen Gesundheitsförderung sind: [...]
> – Arbeitsplatzbegehungen
> – Gefährdungsanalysen
> – Risikofaktoren-Screening.«

Gesundheit und Soziales, 060700/187/2008

Selten wird der Nutzen von regelmäßigen Betriebsbegehungen für die Kernprozesse Diagnose und Planung der Interventionen herausgestellt.

Die Ergebnisse der Begehungen, durchgeführt durch Arbeitsmedizin und Arbeitssicherheit, werden der für die Gesundheitsförderung zuständigen Stelle zur Verfügung gestellt. Die Betriebsparteien einigen sich einvernehmlich auf die zuständige Stelle.

> »Betriebsbegehungen und Arbeitssituationserfassungen
> Um gesundheitsverbessernde Maßnahmen und Verbesserungspotenziale einschätzen zu können, werden regelmäßige Betriebsbegehungen in Zusammenarbeit mit der Arbeitssicherheit und der Arbeitsmedizin an Arbeitsplätzen und Arbeitsumgebung durchgeführt. Die Ergebnisse sind der für die betriebliche Gesundheitsförderung zuständigen Stelle zur Verfügung zu stellen. Die Betriebsparteien einigen sich einvernehmlich auf die zuständige Stelle.«
>
> UNTERNEHMENSBEZOGENE DIENSTLEISTUNGEN, 060700/99/2004

Für BGM-Prozesse ist die Betriebs- und Arbeitsplatzbegehung als wichtiges Instrument besonders zu empfehlen. Gefährdungsbeurteilung und Arbeitsplatzbegehungen werden zu Recht als geeignete Maßnahmen herausgestellt.

> »Eine geeignete Maßnahme ist die Ermittlung, Beurteilung und Dokumentation der für die Beschäftigten mit ihrer Arbeit verbundenen Gefährdungen (§ 5 Arbeitsschutzgesetz). Hierzu wird für die Beschäftigten eine Arbeitsplatzanalyse in Verbindung mit der regelmäßig stattfindenden Arbeitsplatzbegehung durchgeführt.«
>
> BILDUNGSEINRICHTUNG, 060700/117/0

Gefährdungsbeurteilung nach § 5 ArbSchG

Die rechtsverbindliche Gefährdungsbeurteilung nach § 5 ArbSchG eignet sich besonders für mehrere Kernprozesse des BGM (Bamberg et al. 2011). Sie lässt sich für die Diagnose, Planung von Maßnahmen und Evaluation der BGM-Ergebnisse nutzen. Nachfolgend wird eine umfassende Gefährdungsbeurteilung auch als Intervention im BGM betrachtet.

> »Neben der Frage der Gesundheitsförderung soll mit der Einrichtung von Gesundheitszirkeln, einer umfassenden Gefährdungs- und Belastungsanalyse sowie umfassender Prävention (z. B. Rückenschu-

lung, Grippeschutzimpfung) einschließlich einer Suchtberatung und Suchprävention, alles getan werden, um letztendlich Gesundheit zu fördern und Krankenstände zu senken.«

METALLERZEUGUNG UND -BEARBEITUNG, 060700/198/2000

Die Vertragsparteien in der nachfolgenden Dienstvereinbarung sehen eine wichtige Funktion der Gefährdungsbeurteilung auch in der Wirksamkeitskontrolle von BGM-Maßnahmen.

»Die Vertragsparteien werden sich in einem paritätisch besetzten Steuerkreis jährlich über ein bedarfsgerechtes Zweijahresprogramm verständigen und die Wirksamkeit der Maßnahmen überprüfen. Hierfür sind z. B. folgende Instrumente geeignet: Auswertung von Mitarbeiterbefragungen, Gesundheitsberichte, Gefährdungsanalysen und Fehlzeitenentwicklungen.«

ÖFFENTLICHE VERWALTUNG, 060700/352/2010

Nachstehend regeln die Betriebsparteien die ganzheitliche Gefährdungsbeurteilung unter Einbeziehung der psychischen Belastungen und mit ausdrücklicher Beteiligung der Beschäftigten. In den Vereinbarungen zum BGM ist dieser Text mit seinem aktuellen Verständnis von partizipativen Gefährdungsbeurteilungen als Managementaufgabe allerdings eher selten anzutreffen.

»Gefährdungsbeurteilungen
Gefährdungsbeurteilungen können Handlungsbedarf für die Notwendigkeit eines Projektes zum Betrieblichen Gesundheitsmanagement aufzeigen.
Die Beurteilung der arbeitsplatzbedingten Gefährdungen und Belastungen sowie die Festlegung, Umsetzung und Kontrolle der notwendigen Maßnahmen sind gesetzlich vorgeschrieben (§ 5 Arbeitsschutzgesetz – ArbSchG). Bei der Umsetzung dieser Verpflichtung sind die Beschäftigten z. B. über Gesundheitszirkel im Rahmen eines Projektes zum Betrieblichen Gesundheitsmanagement oder Workshops einzubinden (vgl. auch § 17 ArbSchG).
Bei wesentlichen Änderungen der Arbeitsbedingungen ist darauf zu achten, die Gefährdungs- und Belastungsbeurteilung zu aktualisie-

ren. Sie ist nur dann vollständig, wenn auch psychische Belastungsfaktoren überprüft werden.«

ÖFFENTLICHE VERWALTUNG, 060700/239/2009

Nachfolgend ordnen die Betriebsparteien die Aufgabe der Gefährdungsbeurteilung den zuständigen Führungskräften zu. Psychische Belastungen werden in die Beurteilung integriert, die Art der Dokumentation nach § 6 ArbSchG geregelt und die Beteiligung der betroffenen Beschäftigten z. B. in Form einer moderierten Gruppenbesprechung, bei der Maßnahmenentwicklung eingefordert. Alle Bildschirmarbeitsplätze sind einzeln zu überprüfen.

»Gefährdungsbeurteilung
Die Gefährdungsbeurteilung ist von der zuständigen Führungskraft arbeitsbereichs-, tätigkeits- und personenbezogen für jeden Arbeitsplatz durchzuführen und zu dokumentieren. Physische und psychische Einflüsse sind in gleichem Maß zu berücksichtigen. Für gleichartige Arbeitsplätze ist eine Zusammenfassung zulässig und somit eine Bewertung ausreichend. Die Gefährdungsbeurteilung kann nach Ermessen der Führungskraft in einer Gruppenmoderation oder als Einzelarbeitsplatzanalyse erfolgen, der bzw. die betreffenden Mitarbeiter sind mit einzubeziehen. Bei Veränderungen der Tätigkeit und/oder des Arbeitsplatzes ist die Gefährdungsbeurteilung zu wiederholen bzw. zu überarbeiten.
Für die ermittelten Schwachpunkte werden mögliche Maßnahmen erarbeitet. Verbesserungen, die im Handlungsspielraum der Führungskraft liegen, sind möglichst unbürokratisch durchzuführen.
Für Bildschirmarbeitsplätze ist ebenfalls eine Gefährdungsbeurteilung durchzuführen. Jeder BSA [Bildschirmarbeitsplatz] ist separat zu überprüfen.
Die Dokumentation erfolgt auf den als Anlage beigefügten Arbeitsblättern (2, 2a und 3). Wenn notwendig, können werksspezifisch Änderungen vorgenommen werden.«

FAHRZEUGHERSTELLER VON KRAFTWAGENTEILEN, 060700/302/1998

In einer Betriebsvereinbarung werden Bestimmungen zur Durchführung einer Gefährdungsbeurteilung entwickelt. Sie setzen die Vorgaben des ArbSchG und der Bildschirmarbeitsverordnung (BildscharbV) um und verpflichten dazu, das Verfahren ständig weiterzuentwickeln und kontinuierlich zu verbessern. Dabei ist der Stand des gesamten gesicherten arbeitswissenschaftlichen Wissens einschließlich Stand der Technik, Arbeitsmedizin und Arbeitssicherheit zu berücksichtigen.

> »Hinsichtlich der Wahl des Verfahrens zur Beurteilung der Arbeitsbedingungen einschließlich der Dokumentation werden die Regelungen des Arbeitsschutzgesetzes und der Bildschirmarbeitsverordnung sowie weiter gehender gesetzlicher und tariflicher Regelungen zugrunde gelegt. Bei der Auswahl der aus der Beurteilung der Arbeitsbedingungen resultierenden Maßnahmen werden insbesondere der Stand der Technik, der Arbeitsmedizin und -psychologie, die staatlichen Arbeitsschutzvorschriften und die Arbeitsschutzvorschriften der Unfallkasse [...] sowie sonstige gesicherte arbeitswissenschaftliche Erkenntnisse berücksichtigt. Das Verfahren zur Beurteilung der Arbeitsbedingungen soll entsprechend den arbeitsschutzrechtlich bedingten Änderungen und gesicherten wissenschaftlichen Erkenntnissen weiterentwickelt werden.«
>
> TELEKOMMUNIKATIONSDIENSTLEISTER, 060700/271/2010

Screening/Betriebsärztliche Untersuchungen

In manchen Vereinbarungen kommt das werksärztliche Risikofaktoren-Screening als Instrument für die Diagnosephase des BGM zum Einsatz. Damit sind Eingangs- und routinemäßige medizinische Untersuchungen der Beschäftigten während des Arbeitsverhältnisses gemeint. Ziel dabei ist die Gewinnung direkter Erkenntnisse über die Gesundheit der Beschäftigten. Grundsätzlich zu berücksichtigen sind hierbei die Vorgaben der Arbeitsmedizinischen Vorsorgeverordnung (ArbMedVV) aus dem Jahr 2008 und § 11 ArbSchG Arbeitsmedizinische Vorsorge.

> »Beispiele für Instrumente der betrieblichen Gesundheitsförderung sind: [...]
> – Risikofaktoren-Screening.«
>
> GESUNDHEIT UND SOZIALES, 060700/187/2008

Das Screening bzw. die Auswertung von betriebsärztlichen Untersuchungen kann der Diagnosephase im BGM zugeordnet werden.

> »Datenerhebung
> Eine qualifizierte und systematische betriebliche Gesundheitsförderung beginnt mit einer Datenerhebung, die beispielhaft aus folgenden Elementen bestehen kann: [...]
> – Auswertungen der betriebsärztlichen Untersuchungen.«

TELEKOMMUNIKATIONSDIENSTLEISTER, 060700/309/2003

Im Folgenden werden im Handlungsfeld BGF medizinische Untersuchungen angeboten, für die das Unternehmen unter bestimmten Bedingungen die Kosten übernimmt. Dabei wird nicht auf §11 ArbSchG Arbeitsmedizinische Vorsorge verwiesen. Die finanziell unterstützten Untersuchungen werden im Intranet veröffentlicht.

> »Für aktive Mitarbeiter, die das vierzigste Lebensjahr vollendet haben, übernimmt die Gesellschaft im Rahmen des entsprechenden Budgets jährlich einmal Kosten für bestimmte Vorsorgeuntersuchungen bis zu einem Höchstbetrag von 150 EUR. Müssen für die Untersuchungen verschiedene Ärzte aufgesucht werden, dürfen die Rechnungen gesammelt und geschlossen eingereicht werden. Eine Auflistung der unterstützten Vorsorgeuntersuchungen wird im Intranet veröffentlicht.«

VERSICHERUNGSGEWERBE, 060700/242/2003

Altersstrukturanalyse

In den Vereinbarungen spielt der demografische Wandel so gut wie keine Rolle. In einer einzigen Vereinbarung aus einem Krankenhaus werden als Datenquelle für das BGM auch die Daten aus einer Altersstrukturanalyse genannt.

> »Weitere wichtige Informationsgrundlagen für das Betriebliche Gesundheitsmanagement können sein: Ergebnisse von Mitarbeitenden-Befragungen, Daten aus Altersstruktur-Analysen und Dienstplan-Systemen etc.«

GESUNDHEIT UND SOZIALES, 060700/245/2008

2.1.8 Einhaltung des Beschäftigtendatenschutzes

In den BGM-Vereinbarungen sehen die Betriebsparteien durchaus die Bedeutung des Datenschutzes im BGM. Hier werden Gesundheitsdaten – das heißt: besonders sensible Daten – erhoben, verarbeitet und genutzt. In einer Rahmenvereinbarung zu BGM kann allerdings der erforderliche Beschäftigtendatenschutz nicht allzu detailliert geregelt werden. Er sollte immer in den einzelnen Handlungsfeldern wie z. B. BEM und Gesundheitsbefragungen präzise und konkret geregelt werden. Im Folgenden wird gefragt: In welchen Handlungsfeldern wird Regelungsbedarf erkannt? Und: Welche grundsätzlichen Bestimmungen zum Beschäftigtendatenschutz werden vorgesehen?

Bezug auf gesetzliche Grundlagen des Datenschutzes

Nachfolgend wird vom betrieblichen Arbeitsschutzausschuss verlangt, dass er die BGM-Kernprozesse unter »Beachtung des Datenschutzes« steuert. Hier fehlt die erforderliche Konkretisierung dessen, was »Beachtung des Datenschutzes« bedeuten soll. In manchen Vereinbarungen wird eine »strenge« oder eine »besondere Beachtung der Datenschutzvorschriften« gefordert – was jedoch nicht mehr besagt.

> »Der ASA plant, steuert und koordiniert unter Beachtung des Datenschutzes alle Aktivitäten betrieblicher gesundheitsfördernder Maßnahmen, wie beispielsweise:
> – Erstellung eines betrieblichen Programms zur betrieblichen Gesundheitsförderung
> – das erforderliche Budget
> – die Durchführung der einzelnen Programme und deren Dauer
> – das Erfordernis einer Krankenstandauswertung.«
>
> MASCHINENBAU, 060700/247/2005

Auch in einer Dienstvereinbarung wird nur auf das zugrundeliegende Datenschutzgesetz verwiesen und die Verantwortlichkeit des Vorstands betont.

»Der Vorstand ist für die Einhaltung der gesetzlichen Bestimmungen über den Datenschutz verantwortlich. Der Datenschutz regelt sich über das Datenschutzgesetz der EKD.«

Gesundheit und Soziales, 060700/245/2008

Begriffsbestimmungen

Die erforderlichen Begriffe aus den Datenschutzgesetzen werden nicht immer korrekt benutzt. Richtig und wichtig ist die Zweckbindung, denn: Grundsätzlich sollen die Daten nur für den Zweck des Arbeits- und Gesundheitsschutzes ausgewertet werden. Es bietet sich an, immer die Phasen der Erhebung, Verarbeitung und Nutzung von personenbezogenen Daten der Beschäftigten zu unterscheiden, damit alle datenschutzrechtlich relevanten Vorgänge im Umgang mit Personaldaten erfasst werden können. Die folgende Bestimmung müsste zudem sicherlich durch ein Verbot von Leistungs- und Verhaltenskontrollen, ein Nachteilsverbot und ein Beweisverwertungsverbot ergänzt werden.

»Datenschutz
Die Erhebung, Speicherung, Weiterleitung und Auswertung von Daten erfolgt ausschließlich in anonymisierter Form unter Wahrung der datenschutzrechtlichen Bestimmungen und dient ausschließlich der Auswertung für den Arbeits- und Gesundheitsschutz.«

Öffentliche Verwaltung, 060700/104/2005

Hinzuziehung des betrieblichen/behördlichen Datenschutzbeauftragten

In fast allen Vereinbarungen ziehen die Betriebsparteien den betrieblichen oder behördlichen Datenschutzbeauftragten nicht ausdrücklich hinzu. Der folgende Text aus einem Ministerium bildet eine rühmliche Ausnahme.

»Die Erhebung der notwendigen Daten erfolgt ausschließlich unter Wahrung allerdatenschutzrechtlichen Anforderungen und Pflichten. Informationen dürfen nur in anonymisierter Form erhoben, gespeichert, weitergeleitet und ausgewertet werden. Hierzu ist jeweils die vorherige Zustimmung/Bestätigung des Datenschutzbeauftragten der [Verwaltung] einzuholen. Die Vorschriften des Bundesdatenschutzgesetzes in der jeweils gültigen Fassung sind einzuhalten.«

Öffentliche Verwaltung, 060700/218/2007

Konkretisierung von Datenschutzprinzipien

In einer Dienstvereinbarung werden zumindest Datenschutzprinzipien wie z. B. Datenvermeidung und -sparsamkeit und das Transparenzgebot aufgeführt, die Einbeziehung einer zuständigen Stelle verlangt und der Beschäftigtendatenschutz als wichtige Aufgabe im BGM erachtet.

> »Vorrangiges Ziel ist es, lediglich anonyme Datensätze im Rahmen des betrieblichen Gesundheitsmanagements zu erheben und auszuwerten.
> Soweit es für die Durchführung des betrieblichen Gesundheitsmanagements erforderlich sein sollte, personenbezogene Daten zu erheben, sind die Vorgaben des Bundesdatenschutzgesetzes und ggf. weiterer datenschutzrechtlichen Vorschriften zu beachten und einzuhalten. Diese betreffen z. B. den vertraulichen Umgang mit den Daten und die Information der Beschäftigten hierüber (Transparenzgebot) sowie das Bemühen, so wenig personenbezogene Daten wie möglich zu erheben und zu nutzen (Datensparsamkeit).
> Bei Maßnahmen nach dem BGM ist das [...] rechtzeitig vorab zu beteiligen, soweit personenbezogene Daten genutzt werden sollen.«
>
> ÖFFENTLICHE VERWALTUNG, 060700/182/2007

Nachfolgend wird in einem Chemieunternehmen das Gebot der Datensparsamkeit und Datenvermeidung nach § 3a Bundesdatenschutzgesetz (BDSG) konkretisiert. Ein solches Beispiel ist selten in den Vereinbarungen zu finden.

> »Es wird sichergestellt, dass jeglicher Personenbezug durch geeignete technische Maßnahmen (z. B. Verschlüsselung, Löschung von personenbezogenen Daten usw.) sowie eine ausreichend große Datenmenge verhindert werden. Die datenschutzrechtlichen Bestimmungen werden eingehalten.«
>
> CHEMISCHE INDUSTRIE, 060700/92/2004

Verhaltensprävention und Anonymisierung der Daten

Das folgende Beispiel bezieht sich auf eine Maßnahmen der BGF. Der Arbeitgeber unterstützt den Besuch eines Fitnessstudios und will die Fitness-Analyse-Werte der teilnehmenden Beschäftigten in zusammengefasster und anonymisierter Form vom Träger des Studios auswerten lassen. Genauere Aussagen zur Anonymisierung dieser Daten fehlen – wie in vielen weiteren Vereinbarungen. Interessenvertretungen sollten sich die Anonymisierung vom Arbeitgeber nachweisen lassen.

> »[Die Firma] erhält von den Einrichtungen alle sechs Monate Bescheinigungen über die Teilnahme an Leistungen zur Verbesserung des allgemeinen Gesundheitszustandes und der Gesundheitsförderung. Die Ergebnisse der Fitness-Analysen werden [der Firma] in zusammengefasster und anonymisierter Form zur Verfügung gestellt.«
>
> Wasserversorger, 060700/216/2008

Fehlzeitenstatistik und Datenschutz

Die Betriebsparteien wollen nachfolgend den Prozess der Anonymisierung von krankheitsbedingten Fehlzeiten genauer regeln und zwar in der Form einer Richtlinie, die sich aber nicht normativ auf die Arbeitsverhältnisse der Beschäftigten auswirkt. Die angekündigte Richtlinie ist als Regelungsabsprache zu werten, auch wenn der Konzernbetriebsrat (KBR) in diesem Unternehmen aufgrund von §87 Abs.1 Nr.6 BetrVG beteiligt wird. Er hat ein Initiativrecht bei der Einführung und Anwendung einer technischen Kontrolleinrichtung und kann auch eine Konzernbetriebsvereinbarung durchsetzen.

> »Ein Datensystem zur Erfassung und Beurteilung von Fehlzeiten als Leistungsausfall wird aufgebaut und den Betrieben zur Verfügung gestellt. Anonymisierte Zusammenfassungen auf übergeordneten Organisationsebenen sind möglich.
> Da alle Analysen auf personenbezogenen Daten aufbauen, sind die datenschutzrechtlichen Bestimmungen besonders zu beachten.
> Die Einzelheiten der Erfassung und Auswertung werden unter Beteiligung des KBR nach §87 Abs.1, 1 BetrVG in einer Richtlinie zur Modulreihe 132 geregelt.«
>
> Landverkehr, 060700/172/2001

Die folgende Vereinbarung sieht ausdrücklich Fehlzeitengespräche vor. Die Betriebsparteien schließen die Frage nach Diagnosen und deren

Dokumentation aus. Bekanntlich hat der Arbeitgeber keinen Anspruch darauf, über die Art der Erkrankung (Diagnose) informiert zu werden.

> »Gemäß §9 Abs. 3 Satz 1 der Rahmengesamtbetriebsvereinbarung zur Förderung des Gesundheitszustandes ist die Abfrage und Dokumentation von Diagnosen nicht zulässig.«
>
> POSTDIENSTLEISTUNGEN, 060700/64/2000

Mitarbeiterbefragung und Datenschutz

Nachfolgend regeln Verwaltungsleitung und Personalrat den Datenschutz bei Mitarbeiterbefragungen detailliert. Hier wird die Mindestgröße von ca. 50 Personen genannt, die für eine echte Anonymisierung erforderlich ist. Die Mitarbeiterbefragung bedarf der Zustimmung des Personalrats. Die Auswertung erfolgt in dieser Stadtverwaltung durch fachbereichsexterne Experten aus der Stadtverwaltung.

> »Mitarbeiterbefragungen zur Gesundheit bedürfen der Zustimmung des Personalrates und werden anonymisiert durchgeführt. Sie unterliegen den strengen Anforderungen des Datenschutzes. Deshalb dürfen Mitarbeiterbefragungen nicht unter einer Teilnehmerzahl von 50 Personen durchgeführt werden.
> Die Auswertung erfolgt durch fachbereichsexterne Experten [... Ort].«
>
> ÖFFENTLICHE VERWALTUNG, 060700/229/2004

In einem anderen Beispiel wird dagegen von einer Grundgesamtheit von fünf Personen für die Anonymisierung von personenbezogenen Daten ausgegangen, wobei die Bezugsgröße die Abteilung ist. Dies reicht nicht aus. Zusätzlich müssten die Datenschutzvorschriften aus dem BDSG konkretisiert werden.

> »Für die Auswertungen gelten die Vorschriften des Bundesdatenschutzgesetzes in der jeweils gültigen Fassung. Die Daten werden nur in anonymisierter Form erhoben und in Summe dargestellt. Kleinste Bezugsgröße ist die Abteilung.
> Zum Zweck der Anonymisierung werden Abteilungen mit weniger als 5 Beschäftigten mit anderen Abteilungen zusammengefasst.«
>
> GESUNDHEIT UND SOZIALES, 060700/187/2008

Strenger formuliert eine Stadtverwaltung Anforderungen an den Datenschutz bei der Planung und Durchführung von Mitarbeiterbefragungen und automatisierten Datenverarbeitungen. Eine externe Stelle im Sinne von Auftragsdatenverarbeitung soll notfalls eingeschaltet werden. Rückschlüsse auf einzelne Personen dürfen nicht gezogen werden. Es gilt das Gebot der Datenvermeidung und Datensparsamkeit durch Maßnahmen der Anonymisierung. Der Datenschutz ist hier in einer Geschäftsanweisung geregelt.

> »Datenschutz
> Die Erhebung, Speicherung, Weiterleitung und Auswertung von personenbezogenen Daten – insbesondere auch im Rahmen der Durchführung von Mitarbeiterbefragungen – erfolgt ausschließlich durch das Statistische Amt oder externe Dritte (z. B. [Stelle] [Ort]) in anonymisierter Form. Rückschlüsse auf einzelne Personen sind nicht möglich. Es gelten die Bestimmungen der Geschäftsanweisung für den Datenschutz bei der [Stadtverwaltung] sowie des Datenschutzgesetzes.«

ÖFFENTLICHE VERWALTUNG, 060700/239/2009

Betriebliches Eingliederungsmanagement und Datenschutz

Nachfolgend erkennen die Vertragsparteien, dass der Datenschutz für ein ordnungsgemäßes BEM eine überaus wichtige Rolle spielt. In vielen untersuchten Vereinbarungen wird das BEM richtigerweise dem BGM zugeordnet. Das folgende Beispiel konkretisiert im Rahmen von § 84 Abs. 2 SGB IX den Beschäftigtendatenschutz. Vor jeder Weitergabe von Daten, auch innerhalb des BEM-Teams, ist die Einwilligung des BEM-Berechtigten vorab einzuholen. Das BEM-Team hat vorher die Beschäftigten über Art der Daten und den Umfang der Datenweitergabe aufzuklären.

> »Die Mitglieder des BEM-Teams haben sich einer besonderen Verschwiegenheit bezüglich der ihnen im Rahmen ihrer Aufgabe bekanntwerdende Sachverhalte zu unterziehen und die Vorschriften des Datenschutzes besonders sorgfältig zu berücksichtigen.
> Die Weitergabe jedweder Daten, die im Rahmen des BEM gewonnen werden, ist grundsätzlich – auch innerhalb des BEM-Teams –

nur mit schriftlicher Einwilligung des/der Arbeitnehmers/-in zulässig. Der Einwilligung hat eine Aufklärung über Art der weitergegebenen Daten sowie Sinn und Zweck der Datenweitergabe vorauszugehen.«

BILDUNGSEINRICHTUNG, 060700/138/2007

Wenn das BEM geregelt wird, muss gleichzeitig Folgendes vereinbart werden: Wo werden BEM-Daten und Informationen aufbewahrt? Innerhalb welcher Aufbewahrungsfristen ist die BEM-Akte zu vernichten? Nachfolgend wird von einem Jahr ausgegangen. Hierbei wird richtigerweise zwischen Personalakte und BEM-Akte unterschieden. Die BEM-Akte soll vom Sozialdienst geführt werden, was in der Praxis eher unüblich ist. BEM-Akten sind medizinische Akten. Diese müssen laut der ärztlichen Berufsordnung vom ärztlichen Personal geführt werden.

»Die schriftliche Einverständniserklärung zum BEM wird in der Personalakte abgelegt.
Der Betriebliche Sozialdienst bewahrt alle Informationen und Daten aus dem BEM unter Beachtung des Datenschutzes auf.
Ein Jahr nach Beendigung der Maßnahmen werden alle Unterlagen (außer Einverständniserklärung zum BEM der/des Beschäftigten) vernichtet.«

ÖFFENTLICHE VERWALTUNG, 060700/249/2005

Gesundheitsbericht und Datenschutz

Im folgenden Beispiel handelt es sich um den Datenschutz bei der Erstellung des Gesundheitsberichts durch die Krankenkasse nach anerkannten Verfahren. Hierbei ziehen die Verantwortlichen vorab den betrieblichen Datenschutzbeauftragten hinzu.

»Erstellungsverfahren
Der betriebliche Gesundheitsbericht wird ausschließlich von der zuständigen Krankenkasse unter Wahrung aller datenschutzrechtlichen Anforderungen und Pflichten erstellt. Ein Personenbezug der Daten, die im Gesundheitsbericht verwendet werden, darf nicht möglich sein.

Bei der Erstellung des Gesundheitsberichtes wird nach den anerkannten Verfahren der Bundesanstalt für Arbeitsschutz [...] und des Bundesverbandes der Betriebskrankenkassen [...] vorgegangen.
Vor einer Weiterleitung des Gesundheitsberichtes an den Arbeitskreis Gesundheit hat der betriebliche Datenschutzbeauftragte den Gesundheitsbericht daraufhin zu überprüfen, inwieweit die Vorschriften des Bundesdatenschutzgesetzes (BDSG) eingehalten worden sind.
Der Gesundheitsbericht ist in einem Abstand von [...] Jahren mit den jeweils aktuellen Daten zu erstellen.«

Chemische Industrie, 060700/96/0

Betriebsarzt und Datenschutz

Besondere Bedeutung im BGM kommt der Datenverarbeitung des Betriebsarztes zu. Diesbezüglich sind Datenschutzvorkehrungen zu treffen, da es sich bei den Daten im Kontext des Werks-/Betriebsarztes um Gesundheitsdaten handelt. Zudem müssen die Vorschriften zur ärztlichen Schweigepflicht strikt beachtet werden. Die Vertragsparteien sehen die datenschutzrechtliche Brisanz und wollen das Vertrauensverhältnis des Betriebsarztes zu den Beschäftigten schützen.

»Grundsätze zur Behandlung vertraulicher Informationen
Die Mitarbeiter des werksärztlichen Dienstes sind über alle Informationen, die sie im Rahmen der im Folgenden beschriebenen Maßnahmen erhalten, an die ärztliche Schweigepflicht gebunden. Zuständige betriebliche Stellen sind nur über die Einsatzfähigkeit als Ergebnis der Untersuchungen zu unterrichten. Hierzu werden zwischen den Betriebspartnern abgestimmte werksärztliche Zeugnisse in ihrer jeweils gültigen Form verwendet. Davon unabhängig sind Informationen, die aufgrund gesetzlicher Verpflichtungen gegenüber dem staatlichen Gewerbearzt und der Berufsgenossenschaft auch mit den betrieblichen Stellen abzustimmen sind. In allen anderen Fällen ist der Austausch von Informationen über den Gesundheitszustand von Mitarbeitern nur nach vorheriger Zustimmung der Betroffenen möglich.«

Chemische Industrie, 060700/217/2007

3. Mitbestimmungsrechte, -prozeduren und -instrumente

3.1 Mitbestimmung der Interessenvertretungen und Beteiligung der Betroffenen

3.1.1 Rechte der Interessenvertretung

Im BGM haben die Interessenvertretungen umfangreiche Überwachungs-, Informations-, Beratungs- und Mitbestimmungsrechte, die sie für eine Mitgestaltung nutzen können. Im folgenden Beispiel werden zunächst die rechtlichen Handlungsmöglichkeiten anerkannt, die sich aus dem öffentlich-rechtlichen Arbeitsschutz ergeben. Zudem wird die Initiativ-Mitbestimmung gesehen und ein Unterstützungsauftrag für den Betriebsrat formuliert.

> »Der Betriebsrat hat Mitbestimmungs- und Mitwirkungsrechte. Neben der Kontrollfunktion besitzt er einen Initiativ-, Gestaltungs- und Unterstützungsauftrag
> Der Betriebsrat hat im Bereich der Sicherheit und Gesundheit sowie der Arbeitsgestaltung nicht nur Mitbestimmungsrechte, sondern auch einen Unterstützungs-, Gestaltungs-, Initiativ- und Überwachungsauftrag.«
>
> METALLERZEUGUNG UND -BEARBEITUNG, 060700/299/1997

Zusätzlich geht man in demselben Unternehmen davon aus, dass es erforderlich ist, den Betriebsrat in konkrete Maßnahmen des BGM – hier insbesondere in den Arbeitsschutz – einzubeziehen. Die Handlungsfelder und Arbeitsschritte werden konkretisierend aufgezählt.

»Um diese Aufgaben ohne Verzögerungen der oft kurzfristig zu treffenden Entscheidungen bewältigen zu können, gilt es, auch den Betriebsrat direkt in die Abstimmungsprozesse zu integrieren. Wir praktizieren dies

- im Rahmen der täglichen Zusammenarbeit, direkt bzw. in den gemeinsamen Gremien und Ausschüssen, sowie
- im Planungsteam und bei der Prüfung der Einsatzvoraussetzungen vor dem Einsatz neuer Arbeitsstoffe,
- in den Betrieblichen Sicherheitsausschüssen,
- im Arbeitsschutzausschuss als unserem Steuerkreis Arbeits- und Gesundheitsschutz und dem betrieblichen Reha-Ausschuss,
- in Workshops mit Führungskräften, Sicherheitsfachkräften und Betriebsärzten.«

METALLERZEUGUNG UND -BEARBEITUNG, 060700/299/1997

Im folgenden Beispiel aus einer größeren Stadtverwaltung mit dezentralen Organisationseinheiten wird zunächst die Freiwilligkeit als wichtiges Prinzip des BGM hervorgehoben. Nur wenn die dezentrale Einheit ein Projekt wünscht, wird dieses durchgeführt. Zudem müssen Verwaltungsleitung und Personalrat jedem Projekt zustimmen. So kann Vertrauen in das BGM hergestellt werden.

»Die Entscheidung, ob dezentrale Projekte zum Betrieblichen Gesundheitsmanagement durchgeführt werden, wird von den Organisationseinheiten getroffen (Freiwilligkeit). Dezentrale Projekte zum Betrieblichen Gesundheitsmanagement werden nur dann durchgeführt, wenn sie gemeinsam von Dienststellenleitung und Personalvertretung gewünscht bzw. getragen sind.«

ÖFFENTLICHE VERWALTUNG, 060700/239/2009

Zielvereinbarungen und vertrauensvolle Zusammenarbeit

Die Betriebsparteien aus einem Konzern wollen Zielvereinbarungen für die einzelnen Konzernunternehmen abschließen. Hierin soll geregelt sein, wie die gemeinsamen Ziele hinsichtlich des BGM-Prozesses – hier als BGF bezeichnet – zu erreichen sind.

»Zielvereinbarung der Konzernunternehmen
Mit dem Vorstand/der Geschäftsführung der einzelnen Konzernunternehmen und dem Betriebsrat sollen u. a. Zielvorstellungen vereinbart werden, die über den Weg der Gesundheitsförderung mit den nachfolgend beschriebenen Maßnahmen und Instrumenten zu erreichen sind.«

Metallerzeugung und -bearbeitung, 060700/149/2001

Im folgenden Beispiel wird das BGM – hier wiederum als BGF bezeichnet – als Gemeinschaftsaufgabe verstanden, für die der Betriebsrat und die Beschäftigten mit in die Verantwortung genommen werden.

»Gesundheitsförderung im Unternehmen verlangt, von allen mitgetragen zu werden. Sie ist eine Gemeinschaftsaufgabe von Führungskräften aller Ebenen, Betriebsrat und Beschäftigten.«

Metallerzeugung und -bearbeitung, 060700/94/2001

Betriebsratsgremien

Die Betriebsparteien regeln nachfolgend für den Konzern die Vorgehensweise: Es gibt eine Öffnungsklausel für den Abschuss von Gesamtbetriebsvereinbarungen und Betriebsvereinbarungen; Mindeststandards für das BGM werden festgelegt. Die Mitbestimmung als Pflicht im BGM soll strikt eingehalten werden.

»Die Einführung, Durchführung und Weiterentwicklung des BGM in der [Firmengruppe] und den Gesellschaften erfolgt im Rahmen der Gesundheits- und Arbeitsschutzpolitik des [...]-Konzerns. Diese ist im Unternehmensleitfaden Arbeits-, Gesundheits- und Umweltschutzmanagement ([...] Dokument) des [...]-Konzerns beschrieben.
Im [...] Dokument wird der Mindeststandard hinsichtlich BGM definiert und es werden allgemeine Handlungsanleitungen/-hilfen gegeben, die es dem jeweiligen Standortmanagement ermöglichen, unter Beteiligung der örtlichen Betriebsräte ein Gesundheitsmanagementsystem effizient an jedem Standort einzuführen, durchzuführen und weiterzuentwickeln. Hierbei sollen die jeweiligen lokalen Erfordernisse und Gegebenheiten bestmöglich berücksichtigt werden.

Bei der Einführung, Durchführung und Weiterentwicklung jedes lokalen BGM werden die jeweilig geltenden Gesetze und Vorschriften beachtet. Insbesondere werden die Regelungen zur Betriebsverfassung und zur Mitbestimmung eingehalten. Die Betriebsräte werden im Rahmen ihrer jeweiligen Betriebsratsfunktionen entsprechend beteiligt.
Zur Regelung von Details werden hierzu in der [Firmengruppe] bzw. in den jeweiligen Gesellschaften gegebenenfalls Gesamtbetriebs- bzw. Betriebsvereinbarungen abgeschlossen.«

CHEMISCHE INDUSTRIE, 060700/276/2010

Information und Beratungsrechte

In der Praxis gibt es große Probleme mit der rechtzeitigen und umfassenden Information der Interessenvertretungen im Arbeits- und Gesundheitsschutz, z. B. bei der Planung von Neu- und Umbauten, Großreparaturen oder der Einführung von neuen Anlagen. Nachfolgend halten die Vertragsparteien ausdrücklich fest, dass Ergonomie, Arbeitsmedizin und Betriebsrat rechtzeitig und umfassend in der Planungsphase informiert werden sollen, damit sie noch gestaltend Einfluss nehmen können.

»Die Fachkräfte für Arbeitssicherheit und die Betriebsärzte haben ungehinderten Zutritt zu allen Betriebsteilen und -räumen. Ihnen werden von Unternehmensseite die für ihre Arbeit notwendigen Erhebungen zur Verfügung gestellt. Die Arbeitsmedizin, die Arbeitssicherheit und der Betriebsrat werden von allen mit Planungsaufgaben befassten Abteilungen der [Firma] rechtzeitig und umfassend informiert, um den erforderlichen sicherheitstechnischen, ergonomischen und gesundheitlichen Einfluss auf die Planung von Neuanlagen, Umbauten, Großreparaturen usw. zu nehmen.«

UNTERNEHMENSBEZOGENE DIENSTLEISTUNGEN, 060700/101/2002

Zusammenarbeit mit den Beauftragten des Arbeitgebers

Im folgenden Beispiel aus dem Jahr 1999 wird die Kooperationspflicht aller Beteiligten und Beauftragten im BGM (hier: Arbeitsschutz) deutlich betont und der Betriebsrat aufgrund seiner Rechte gemäß ASiG einbezogen. In der Regel mangelt es allerdings oftmals an einer Kooperationsbereitschaft der Beauftragten für Arbeits-, Daten- und Umweltschutz.

> »Kooperation
> Die Zusammenarbeit der am betrieblichen Arbeitsschutz am [Krankenhaus] Beteiligten erfolgt kooperativ und gleichberechtigt und nicht in einem über- oder untergeordneten Verhältnis. Insofern verpflichten sich die Beteiligten im Hinblick auf die Zusammenarbeit gemäß §§9 und 10 Abs. 1 ASiG auf folgende Maßnahmen:
> - rechtzeitige und vollständige gegenseitige Unterrichtung
> - gegenseitige Vorlage von erforderlichen Unterlagen
> - kooperative Beratung und Durchführung von Maßnahmen des Arbeitsschutzes und der Unfallverhütung auch im Hinblick auf die Unterstützung der Unternehmensleitung
> - die Kooperation im Rahmen der betrieblichen Arbeitsorganisation bezieht sich ausdrücklich auch auf die Zusammenarbeit mit dem Betriebsrat gemäß §9 Abs. 1 + 2 ASiG sowie gegenüber den anderen betrieblichen Beauftragten (Sicherheitsbeauftragte, Gefahrstoffbeauftragte, Strahlenschutzbeauftragte etc.).«
>
> GESUNDHEIT UND SOZIALES, 060700/311/1999

Nachfolgend wird die Kooperationspflicht der Beauftragten im Arbeitsschutz entsprechend der gesetzlichen Vorgaben konkretisiert.

> »Sicherheitsfachkräfte und Betriebsärzte haben den Betriebsrat über Angelegenheiten des Arbeitsschutzes und der Unfallverhütung zu unterrichten; sie haben ihm den Inhalt ihrer Vorschläge nach §8 Abs. 3 des Arbeitssicherheitsgesetzes an den Arbeitgeber mitzuteilen und ihn auf sein Verlangen in Angelegenheiten des Arbeitsschutzes und der Unfallverhütung zu beraten (§9 Arbeitssicherheitsgesetz).«
>
> NACHRICHTENTECHNIK, UNTERHALTUNGS-/AUTOMOBILELEKTRONIK, 060700/204/2007

Zur Wahrung seiner Informationsrechte kann der Gesamtbetriebsrat im folgenden Beispiel fachkundige Beschäftigte als Auskunftspersonen hinzuziehen. Diese Regelung des §80 Abs. 2 Satz 3 BetrVG wurde 2011 bei der Novellierung des BetrVG aufgenommen.

»Dem Gesamtbetriebsrat werden zur Klärung fachlicher Fragen gemäß §80 Abs. 2 Satz 3 BetrVG sachkundige Arbeitnehmer oder Arbeitnehmerinnen als Auskunftspersonen zur Verfügung gestellt.«

GROSSHANDEL (OHNE KFZ.), 060700/63/2001

Betriebsrat in Gremien

Der Betriebs-/Personalrat ist in den Vereinbarungen oftmals mit einem Mitglied in Arbeitsgruppen vertreten. Es sind z. B. Arbeitskreise zur Suchthilfe oder zur Gefährdungsbeurteilung gemäß §5 ArbSchG.

»Gremien
Zur Durchführung der Gefährdungsbeurteilung wird ein betriebliches Analyseteam eingesetzt (§3/2 ArbSchG). Es besteht aus Vertretern des Arbeitsschutzausschusses:
- Vertreter der Geschäftsleitung
- Sicherheitsfachkraft
- Betriebsarzt
- Vertreter des Betriebsrates.«

MESS-, STEUER- UND REGELUNGSTECHNIK, 060700/84/2002

Nachfolgend werden die Rechte des Betriebsrats bei der Durchführung der Gefährdungsbeurteilung konkretisiert.

»Maßnahmen
Die Geschäftsleitung berät die durch die Befragung festgestellten Ergebnisse mit dem Betriebsrat. Ziel dieser Beratung soll sein, erkannte Mängel an den Arbeitsplätzen, der Arbeitsorganisation und am sozialen Klima durch festgelegte Maßnahmen zum Positiven zu verändern. [...] Der Betriebsrat kann im Rahmen seiner Beratungs- und Mitbestimmungsrechte Vorschläge zur Beseitigung von festgestellten Mängeln machen und auch Maßnahmen verlangen.«

MESS-, STEUER- UND REGELUNGSTECHNIK, 060700/206/2009

Die folgende Bestimmung einer Betriebsvereinbarung konkretisiert die Regelungsgegenstände, die bei Meinungsverschiedenheiten in einer paritätischen Kommission zur Gefährdungsbeurteilung einigungsstellenfähig sind.

»[…] Scheitert auch dieser Einigungsversuch, entscheidet in den nachfolgend genannten Fällen die Einigungsstelle:
- Festlegung der Reihenfolge der zu untersuchenden Bereiche (Prioritätenliste), Erforderlichkeit einer erneuten Untersuchung,
- Festlegung des Fragenkatalogs zur Beurteilung der psychischen Belastung sowie der Bereiche gemäß 3.1,
- Festlegung der Vorgehensweise bei der Gefährdungsbeurteilung einschließlich Planung der einzelnen Schritte bzw. Phasen (siehe § 5 ArbSchG),
- Festlegung und Entwicklung der Verfahren und Methoden zur Gefährdungsbeurteilung einschließlich der erforderlichen Instrumente (z. B. Checklisten, Fragebogen, betriebliche Datenquellen gemäß § 5 ArbSchG),
- Bewertung der Gefährdungen und Entscheidung über die erforderlichen Maßnahmen des Arbeitsschutzes (§ 4 ArbSchG),
- Überprüfung der Wirksamkeit durchgeführter Maßnahmen zur Vermeidung oder Verringerung gesundheitlicher Gefährdungen (siehe § 3 ArbSchG),
- Festlegung von Art und Umfang der Dokumentation der Ergebnisse der Gefährdungsbeurteilung, der Maßnahmen des Arbeitsschutzes und der Ergebnisse ihrer Überprüfung (siehe § 6 ArbSchG),
- Festlegung der Inhalte, der Durchführungsmodalitäten sowie der Wirksamkeitsüberprüfung der Unterweisung (siehe § 12 ArbSchG).«

NACHRICHTENTECHNIK/UNTERHALTUNGS-, AUTOMOBILELEKTRONIK, 060700/204/2007

Ein weiteres Beispiel ist die Mitarbeit von Betriebsräten in einer innerbetrieblichen Arbeitsgruppe »Betriebliche Suchtkrankenhilfe«.

»Eine eingerichtete Arbeitsgruppe ›Betriebliche Suchtkrankenhilfe‹ besteht aus einem Vertreter der Personalabteilung, dem freigestellten Betriebsrat und dem Betriebsarzt. Aufgabe der Arbeitsgruppe ist es, Schulungsmaßnahmen und andere präventive Aufgaben zu erörtern und zu planen. Bei Bedarf wird ein externer Suchthelfer bzw. eine Frauenbeauftragte oder ein Schwerbehindertenvertreter hinzugezogen.«

FAHRZEUGHERSTELLER SONSTIGER FAHRZEUGE, 060700/174/2002

Es lassen sich in den Vereinbarungen zudem Workshops nachweisen, bei denen der Betriebsrat zusammen mit Führungskräften Themen des BGM bearbeiten. Solche Workshops können als »Gesundheitszirkel ohne Beschäftigte« verstanden werden.

> »Workshops mit Führungskräften und Betriebsräten
> Mit den Führungskräften und Betriebsräten sollen Workshops zu verschiedenen Themenschwerpunkten durchgeführt werden. Ein Themenschwerpunkt ist die Gesundheitsquote, ihre möglichen Ursachen, geeignete Maßnahmen der Gesundheitsförderung und die Entwicklung eines spezifischen Maßnahmenprogramms.«

METALLERZEUGUNG UND -BEARBEITUNG, 060700/94/2001

Mitbestimmung bei Mitarbeiterbefragungen

Nachfolgend wird eindeutig formuliert, dass die Planung, Durchführung und Auswertung einer Mitarbeiterbefragung mittels eines Befragungsbogens mitbestimmungspflichtig ist.

> »Planung, Durchführung und Auswertung einer Befragung sind nur mit Zustimmung des Betriebsrats möglich.«

BERGBAU, 060700/62/2002

Mitbestimmung bei Beteiligungsgruppen

Nachfolgend übt der Betriebsrat bei Beteiligungsgruppen – hier Gesundheitsteams genannt – seine Mitbestimmung aus, wenn es um die Person des Trainers bzw. des Moderators geht.

> »Die Gesundheitsteams treten monatlich zusammen. Die Arbeit im Team ist Arbeitszeit. Die Gesundheitsteams organisieren sich selber. Dazu werden ihnen zur Unterstützung entsprechende Trainer gestellt. Über die Person des Trainers ist mit dem Betriebsrat Einvernehmen zu erzielen. Für ihre Treffen und zur Erledigung der anfallenden Büroarbeiten werden den Teams entsprechende Räumlichkeiten und Ressourcen zur Verfügung gestellt.«

TELEKOMMUNIKATIONSDIENSTLEISTER, 060700/309/2003

In Folgenden werden die Teilnehmenden an einem Gesundheitszirkel gemeinsam von der Interessenvertretung und den Vorgesetzten einvernehmlich vorgeschlagen. Die Teilnahme an einem Gesundheitszirkel ist freiwillig.

> »Der Gesundheitszirkel setzt sich aus einigen (4–8) Mitarbeitern des betroffenen Bereichs zusammen. Auf Wunsch des Gesundheitszirkels kann ein Mitglied des Arbeitskreises Gesundheit hinzugezogen werden. Die Teilnehmer des Gesundheitszirkels werden einvernehmlich von Vorgesetzten und Betriebsrat vorgeschlagen. Die Teilnahme an einem Gesundheitszirkel ist jedoch freiwillig.«
>
> BERGBAU, 060700/62/2002

Nachfolgend wird festgehalten, dass der Betriebsrat ein Mitglied in die Gesundheitszirkel schicken kann. Beschweren sich Beschäftigte im Zusammenhang mit den Gesundheitszirkeln, so ist der Betriebsrat unverzüglich zu benachrichtigen. Insofern bleiben hier die Rechte der Beschäftigten und des Betriebsrats nach §§ 84 und 85 BetrVG bei der Behandlung von Beschwerden im Betrieb gewahrt.

> »Der Betriebsrat entsendet Vertreter in den Arbeitskreis Gesundheit und die Gesundheitszirkel. Er erhält regelmäßig Informationen über die Gesundheitssituation im Betrieb. Bei Beschwerden von Beschäftigten ist der Betriebsrat unverzüglich zu beteiligen.«
>
> TELEKOMMUNIKATIONSDIENSTLEISTER, 060700/309/2003

Betriebsrat als betrieblicher Gesundheitsbeauftragter

Im Rahmen des BGM werden oft neue Verantwortlichkeiten geschaffen und u. a. Gesundheitsbeauftragte oder Gesundheitskoordinatoren bestellt. Im Folgenden wird ein Mitglied des Betriebsrats zum Gesundheitsbeauftragten für das Unternehmen ernannt. Er kann u. a. Sitzungen des Ausschusses »Betriebliche Gesundheit« einberufen.

> »Zur Gewährleistung der jederzeitigen Ansprechbarkeit für die Mitarbeiterinnen und Mitarbeiter benennt der Betriebsrat eines seiner Mitglieder nach § 2 als ›betrieblichen Gesundheitsbeauftragten‹. Dieser kann bei kurzfristig auftretendem Handlungsbedarf zur Wah-

rung der Sicherheit am Arbeitsplatz den Ausschuss ›Betriebliche Gesundheit‹ nach §2 auch außerhalb der vereinbarten Sitzungen einberufen, um gegebenenfalls erforderliche Maßnahmen zur Abhilfe einzuleiten.«

GESUNDHEIT UND SOZIALES, 060700/107/0

Steuerungskreis Gesundheit und Betriebsrat

In vielen Vereinbarungen sind Betriebs- und Personalräte in den Arbeitskreis Gesundheit oder in das betriebliche bzw. behördliche Lenkungsgremium integriert. In der folgenden Vereinbarung wird als Steuerungskreis ein paritätisch besetztes Gremium gebildet, in dem die Entscheidungen im BGM nach einem vereinbarten Verfahren getroffen werden. Beratende Funktion haben hier der Werksärztliche Dienst (WD) und die Schwerbehindertenvertretung (SBV).

»Die Zusammensetzung der Steuerungsgruppe ist paritätisch gestaltet; insgesamt beträgt die Gruppengröße 12 Teilnehmer. Die Steuerungsgruppe setzt sich aus folgenden Mitgliedern zusammen:
- 5 Vertreter der Werkleitung (E2–E4 des Werkes)
- 5 Mitglieder des Betriebsrates
- 2 beratende Mitglieder (WD und SBV)

Zehn Teilnehmer der Steuerungsgruppe erhalten ein Stimmrecht. Sowohl die Vertreter der Werkleitung als auch die Mitglieder des Betriebsrates erhalten jeweils 5 Stimmen. Die zwei beratenden Teilnehmer (WD und SBV) erhalten ein Beratungsrecht. Im Falle der Verhinderung eines Stimmberechtigten wird die Stimme auf die Anwesenden seiner Gruppe übertragen.
Es gilt die einfache Mehrheit. Im Konfliktfall entscheidet die Werkleitung nach Beratung mit den beiden alternierenden Vorsitzenden.«

FAHRZEUGHERSTELLER KRAFTWAGEN, 060700/70/2003

Eine Steuerungsgruppe in einer öffentlichen Bildungseinrichtung setzt sich wie folgt zusammen.

»Zusammensetzung
Die Steuerungsgruppe Betriebliches Gesundheitsmanagement ist wie folgt zusammengesetzt:
- zwei Mitglieder des Personalrates
- Vertreter/-in der Dienststelle (Leitung des Personaldezernats)
- Schwerbehindertenvertreter/-in
- Vertreterin der Gleichstellungsstelle
- Betriebsärztlicher Dienst
- Fachkraft für Arbeitssicherheit
- Vertreter/-in der Zentralen Einrichtung Hochschulsport
- Betriebliche Sozial- und Suchtberatung (BSSB)

Bei Bedarf erfolgt eine Zuziehung weiterer Expertinnen und Experten.«

BILDUNGSEINRICHTUNG, 060700/382/2009

Mitbestimmung beim Fehlzeitenmanagement

Bei der Implementierung und Ausgestaltung von Fehlzeitengesprächen als Element des Fehlzeitenmanagements hat der Betriebsrat aufgrund von §87 Abs. 1 Nr. 1 BetrVG ein Mitbestimmungsrecht. Dies entschied das BAG im Jahr 1994. Die Betriebsparteien bekräftigen die Mitbestimmung.

»Bei mehr als 30 Krankentagen oder mehr als vier Einzelerkrankungen bzw. mehreren Erkrankungen in Verbindung mit arbeitsfreien Tagen in den letzten 12 Monaten führen die personalverantwortlichen Vorgesetzten ein Präventionsgespräch. Auf Wunsch des Beschäftigten kann ein Vertreter des Betriebsrats an dem Gespräch teilnehmen. Die Ausgestaltung unterliegt der Mitbestimmung des Betriebsrats.«

TELEKOMMUNIKATIONSDIENSTLEISTER, 060700/67/1996

Organisation des Arbeitsschutzes

In Fragen der Organisation des Arbeitsschutzes verfügen Interessenvertretungen über mehrere Mitbestimmungs- und Beteiligungsrechte. Beispielsweise sieht die folgende Vereinbarung die Zustimmung des Betriebsrats bei der Bestellung von Sicherheitsbeauftragten vor. Sie wirken als Experten ihres Arbeitsbereichs am BGM mit.

»Sicherheitsbeauftragte
Für jeden Arbeitsbereich ernennt die Geschäftsführung in Abstimmung mit der zuständigen Betriebsleitung und der Arbeitssicherheit sowie mit Zustimmung des Betriebsrates Sicherheitsbeauftragte gemäß § 22 SGB VII, deren Mindestanzahl sich nach den berufsgenossenschaftlichen Vorschriften richtet.«

Unternehmensbezogene Dienstleistungen, 060700/101/2002

Nachfolgend werden u. a. die Bestellung und die Abberufung von Sicherheitsbeauftragten – hier Entpflichtung genannt – auf begründetem Antrag des Betriebsrats geregelt. Ein wichtiger Grund zur Entpflichtung liegt dann vor, wenn der Sicherheitsbeauftragte nicht mit der Interessenvertretung kooperiert.

»Die Bestellung von Sicherheitsbeauftragten nach § 22 SGB VII bedarf der Zustimmung des Betriebsrates. Dem begründeten Antrag des Betriebsrats auf Entpflichtung der Sicherheitsbeauftragten ist nachzukommen, wenn sie nach Auffassung des Betriebsrats ihren gesetzlichen Aufgaben, insbesondere der Pflicht zur vertrauensvollen Zusammenarbeit mit dem Betriebsrat, nicht oder nicht vollständig nachkommen.«

Informationstechnikhersteller, 060700/252/2009

Im gleichen Unternehmen werden die Mitbestimmungsrechte des Betriebsrats nach dem ASiG und nach § 87 Abs. 1 Nr. 7 BetrVG auch bei weiteren Beauftragten des Arbeitgebers im Arbeits- und Gesundheitsschutz geregelt und ausgeweitet, da das Gesetz hier nur Anhörungsrechte vorsieht. Dies kann als vertrauensbildende Maßnahme gewertet werden. Hier handelt es sich um den externen Betriebsarzt und die externe Fachkraft für Arbeitssicherheit. Dabei geht es auch um deren Aufgaben. Hierbei sind seit 1. 1. 2011 die Vorschriften der DGUV V2 zu beachten.

»[...]
- Bei der Auswahl externer Dienstleister für die Positionen des Betriebsarztes und der Fachkraft für Arbeitssicherheit ist die Zustimmung des Betriebsrates erforderlich.

- Bei der Auswahl externer Dienstleister für die Positionen des Betriebsarztes und der Fachkraft für Arbeitssicherheit sind die Verträge mit dem Dienstleister auf maximal 2 Jahre zu befristen. Rechtzeitige Neuausschreibungen sind erforderlich, um eine lückenlose Betreuung der Mitarbeiter zu gewährleisten. Betriebsrat und Geschäftsleitung können sich auf eine Verlängerung der Verträge einigen.
- Über die von der Berufsgenossenschaft festgelegten Mindestzeiten hinausgehend kann der Betriebsrat nach Bedarf entsprechend § 3 und § 6 ASiG zusätzliche Einsatzzeit anfordern. Diesem Antrag ist stattzugeben, sofern der Bedarf sachlich begründet ist.
- Arbeitspläne und -schwerpunkte des Betriebsarztes und der Fachkraft für Arbeitssicherheit sind mit dem Betriebsrat abzustimmen.«

INFORMATIONSTECHNIKHERSTELLER, 060700/252/2009

3.1.2 Rechte der Beschäftigten

Im BGM kommt der Beteiligung der Beschäftigten – oft als Partizipation bezeichnet – eine wesentliche Rolle zu. Nachfolgend ist zu fragen, inwieweit die Beteiligung der Beschäftigten in den Vereinbarungen aufgegriffen wird und ob es zu einer Konkretisierung und Ausgestaltung der Beteiligung kommt. Die rechtliche Verpflichtung, die Beschäftigten im Rahmen des BGM einzubeziehen, ergibt sich aus §§ 15–17 ArbSchG.
Das Recht auf Beteiligung als grundlegendes Prinzip der BGF wird in wenigen Vereinbarungen bereits in die Präambel aufgenommen.

> »Zur Umsetzung dieser Zielvorstellungen wird die nachfolgende Dienstvereinbarung zwischen der Hochschulleitung der [...] Universität und der Personalvertretung geschlossen. Die Dienstvereinbarung basiert auf dem Recht und der aktiven Beteiligung der Beschäftigten an den gesundheitsfördernden Maßnahmen.«

BILDUNGSEINRICHTUNG, 060700/382/2009

In einem Vereinbarungsbeispiel jüngeren Datums wird der Stellenwert der Partizipation der Beschäftigten und ihrer Interessenvertreter als primäres Ziel herausgestellt.

»Der Geist dieser Charta ist von dem Wissen geprägt, dass die Beteiligung aller betroffenen Akteure der beste Garant für eine nachhaltige Verbesserung der Arbeitsbedingungen ist. Die Beteiligung der Beschäftigten und ihrer Vertreter ist daher eines der vornehmsten Ziele dieser Vereinbarung. Erfolge in diesem Feld werden auch die Produktivität und die Qualität der Produkte positiv beeinflussen.«

GROSSHANDEL (OHNE KFZ.), 110600/231/2010

Die nächste Vereinbarung erläutert den Begriff Partizipation, indem sie auf die Beteiligung an Kernprozessen des BGM wie Planung von Interventionen und Interventionen selbst abzielt. Möglichst viele Beschäftigte sollen einbezogen werden.

»Betriebliches Gesundheitsmanagement erreicht die unter Ziffer 3 genannten Ziele nur durch die Orientierung an folgenden Leitlinien: [...]
- Möglichst viele Beschäftigte werden an den Entscheidungen, den Maßnahmen und den Lösungen beteiligt (Partizipation).«

ÖFFENTLICHE VERWALTUNG, 060700/239/2009

Nachfolgend werden Partizipation und Wertschätzung der Beschäftigten durch Führungskräfte zusammengebracht und BGM als eigenständiger Teil der Verwaltungsreform begriffen.

»Betriebliches Gesundheitsmanagement ist ein eigenständiger Teil des Personalmanagements und Leitmotiv insbesondere für Vorhaben zur Personal- und Organisationsentwicklung (§ 6 Verwaltungsreform-Grundsätze-Gesetz – VGG). Es stellt einen Maßstab für die Gestaltung der Verwaltungskultur mit dem Schwerpunkt auf Führungsmethoden und Partizipation und Wertschätzung der Beschäftigten dar.«

ÖFFENTLICHE VERWALTUNG, 060700/165/2007

Nachfolgend wird in einem BGM-Konzept die möglichst weitgehende Partizipation der Beschäftigten näher begründet. Dabei wird auf Qualitätskriterien der Betriebskrankenkassen zur BGF hingewiesen.

»Partizipation
Für den Erfolg betrieblicher Gesundheitsförderung ist ausschlaggebend, dass alle Mitarbeiter/innen möglichst weitgehend an Planungen und Entscheidungen beteiligt werden (Quelle: [Betriebskrankenkasse] Qualitätskriterien für die betriebliche Gesundheitsförderung). Viele gesundheitsbeeinträchtigende Faktoren sind weder von ›oben‹ noch von außen ersichtlich bzw. veränderbar. Die Beschäftigten wissen als Expert/innen in eigener Sache am besten, was sich negativ auf ihre Gesundheit auswirkt und was ihnen gut tut. Daher ist es wichtig, dass die Mitarbeiter/innen Gelegenheit erhalten, sich in Fragen der Gesundheit am Arbeitsplatz aktiv zu beteiligen.«

ÖFFENTLICHE VERWALTUNG, 060700/258/2006

Konkretisierung der Partizipation

Nachfolgend wird untersucht, ob der Begriff Partizipation der Beschäftigten in den Vereinbarungen konkretisiert wird. In einem älteren Beispiel aus dem Bergbau dient die Partizipation primär dazu, die Motivation der Beschäftigten zu steigern. Zusätzlich wird erkennbar, dass sie dadurch zu einer konstruktiven Mitarbeit am BGM (hier: BGF) verpflichtet werden sollen. Mitarbeit bedeutet in diesem Fall, die Krankheitszeiten zu reduzieren.

»Bei allen Maßnahmen bei der Entwicklung und Umsetzung zur Gesundheitsförderung ist die Einbeziehung der Beschäftigten als Experten ihrer Arbeitsbedingungen zu fördern. Dadurch kann die Motivation der Mitarbeiter, die Gesundheitsförderung mitzugestalten, gesteigert werden. Darüber hinaus vertreten Unternehmensleitung und Gesamtbetriebsrat einvernehmlich die Auffassung, dass Gesundheitsschutz und Verringerung von Krankheitszeiten im wohlverstandenen Interesse jedes einzelnen Mitarbeiters liegen müssen und die Mitarbeiter deshalb zur konstruktiven Unterstützung dieser und weiterer Maßnahmen verpflichtet sind.«

BERGBAU, 060700/62/2002

Konkreter und konstruktiver formulieren die Betriebsparteien im Folgenden ihr Verständnis von Beteiligung bzw. Partizipation. Die Mitwirkung der Beschäftigten soll Teil der Unternehmenskultur werden.

»[...]
- Einbeziehen des Wissens und der Erfahrungen der Beschäftigten bei der Gestaltung der Arbeit und eines gesundheitsförderlichen Arbeitsumfeldes
- Entwicklung einer Dienststellenkultur und entsprechender Führungsgrundsätze, in denen die Beteiligung der Beschäftigten verankert ist
- Initiierung und Förderung von Mitwirkungsmöglichkeiten für die Beschäftigten an der Gestaltung der Arbeit und eines gesundheitsförderlichen Arbeitsumfeldes [...].«

Öffentliche Verwaltung, 060700/202/2009

Nachfolgend wird für den Gesundheitsbeauftragten die Einbeziehung der Beschäftigten als Aufgabe formuliert. Dabei bezieht man sich auf die Unterweisung gemäß § 12 ArbSchG. Dies kann als eine wichtige Konkretisierung dessen gewertet werden, wie Beteiligung und Befähigung der Beschäftigten verstanden werden kann. Hier fehlt die Mitbestimmung des Betriebsrats. Die Aufgabe des Gesundheitsbeauftragten ist wie folgt formuliert.

»[...] Motivations-, Beteiligungs- und Unterweisungskonzepte zur Einbeziehung aller Mitarbeiter der Verlagsgruppe in die betriebliche Gesundheitspolitik und Maßnahmen des Gesundheitsschutzes entwickeln und beschlossene Konzepte betreuen [...].«

Verlags- und Druckgewerbe, 060700/69/1999

Für die unmittelbare Einbeziehung der Mitarbeiterinnen und Mitarbeiter sind unterschiedliche Beteiligungsmethoden denkbar. Häufig sind in den Vereinbarungen Gesundheitszirkel und Fokusgruppen geregelt. Nachfolgend werden beide Instrumente schwerpunktmäßig empfohlen.

»Vielfach ist die Gewinnung von Detailinformationen zur Erstellung effektiver Strategien im Bereich der betrieblichen Gesundheitsförderung nur möglich, wenn die Betroffenen unmittelbar mit einbezogen werden. Dies geschieht durch schwerpunktmäßige Bildung von Gesundheitszirkeln bzw. Focusgruppen. Leitidee dieser Gruppen ist

die aktive Einbeziehung der Beschäftigten in gesundheitsrelevante Analysen, Planungen von Maßnahmen bzw. Programmen.
Teilnehmende sind jeweils
- drei bis vier vom betroffenen Bereich ausgewählte Mitarbeiter/innen bei Gesundheitszirkeln ergänzt durch
- den/die jeweiligen Leiter/in des Bereichs,
- einem(er) Vertreter/in des Betriebsrats,
- einem(er) Vertreter/in der Schwerbehindertenvertretung

sowie bei Bedarf
- dem/der zuständigen Betriebsarzt(ärztin),
- die zuständige Fachkraft für Arbeitssicherheit,
- einem(er) Vertreter/in der Betrieblichen Sozialberatung.«

POSTDIENSTLEISTUNGEN, 060700/127/2002

Rechte der beteiligten Beschäftigten

Nachfolgend wird aus dem Gebot der Partizipation im BGM ein Mitgestaltungsrecht aller Beschäftigten bei allen BGM-Programmen und -Instrumenten abgeleitet.

»Von besonderer Bedeutung für den Betrieb ist dabei die Einbeziehung des Sachverstandes der Beschäftigten als Experten ihrer Arbeitsbedingungen. Programme und Instrumente der betrieblichen Gesundheitsförderung müssen die Beschäftigten einbeziehen und ihnen ein Mitgestaltungsrecht im Arbeits- und Gesundheitsschutz gewährleisten.«

CHEMISCHE INDUSTRIE, 060700/96/0

Die Notwendigkeit, die Beschäftigten bei allen Aktivitäten des BGM zu beteiligen, wird oftmals gesehen, jedoch selten konkretisiert. Nachfolgend wird der Verwaltungsleitung vorgeschrieben, Vorschläge der Beschäftigten für Aktivitäten nur mit einer schriftlichen Begründung abzuweisen.

»Der Schlüssel für den Erfolg der ›Betrieblichen Gesundheitsförderung‹ liegt in maßgeschneiderten Maßnahmen, die von den Mitarbeitern/innen und Führungskräften selbst entwickelt werden. Die Mitarbeiter/innen vor Ort sind die Ansprechpartner/innen, wenn es um Fragen arbeitsbedingter Erkrankungen, Arbeitsunfälle und Stress geht. Die Initiative für gesundheitsfördernde Maßnahmen liegt bei den Dezernaten, Ämtern bzw. Abteilungen. Die Mitarbeiter/innen können Maßnahmen der betrieblichen Gesundheitsförderung anregen und gegebenenfalls einfordern. Die Ablehnung der Maßnahmen durch die Dienststellenleitung muss schriftlich begründet werden.«

ÖFFENTLICHE VERWALTUNG, 060700/232/2000

Voraussetzung für die aktive Beteiligung von Beschäftigten im BGM ist immer, dass alle BGM-Aktivitäten intern bekannt gemacht und möglichst viele Informationsmedien dabei genutzt werden. Insofern kann im BGM von einem Informationsrecht der Beschäftigten gesprochen werden. Ziel dabei ist die Schaffung von Transparenz für Motivation und Beteiligung. Nachfolgend wird hierfür das Intranet genutzt.

»Die aktuelle Besetzung des Arbeitskreises Gesundheitsförderung ist im Intranet eingestellt.«

ÖFFENTLICHE VERWALTUNG, 060700/181/2007

Die Betriebsparteien heben nachfolgend die Bedeutung der internen Kommunikation bzw. des internen Marketings hervor. Sie weisen zu Recht darauf hin, dass BGM kein Selbstläufer ist.

»BGM ist kein Selbstläufer! Wie jede andere Innovation erzeugt es zunächst auch Befürchtungen und Widerstände, denen durch permanente interne Kommunikation (internes Marketing) entgegengewirkt werden muss: durch Einbindung aller Beteiligten sowie durch partnerschaftliches Entscheiden und Professionalität in der Durchführung.«

FAHRZEUGHERSTELLER KRAFTWAGEN, 060700/70/2003

In der nachfolgenden BGM-Richtlinie soll ein Chatroom eingerichtet und ein Informationsflyer bzw. ein Gesundheitsblatt erstellt werden. Die Beschäftigten haben zusätzlich das Recht, sich mit Vorschlägen an die Arbeitsgruppe Gesundheit und an den Gesundheitskoordinator zu wenden.

»Darüber hinaus wird geplant, einen Chatraum ›Betriebliche Gesundheitsförderung‹ im Intranet bzw. im Outlook einzurichten, wo Mitarbeiter/innen Anregungen geben können oder ein Austausch bzgl. gesundheitlicher Fragen stattfinden kann. Regelmäßig wird auch ein Gesundheitsblatt herausgegeben werden, in welchem die Maßnahmen und Erfolge der betrieblichen Gesundheitsförderung dargestellt und gesundheitsrelevante Fragen beantwortet werden. Darüber hinaus erfolgen auch Hinweise auf externe Veranstaltungen. Außerdem können sich die Mitarbeiter/innen jederzeit direkt an die Arbeitsgruppe oder den/die Koordinator/in wenden.«

Öffentliche Verwaltung, 060700/232/2000

Die nachfolgende Vereinbarung weist der internen kontinuierlichen Öffentlichkeitsarbeit im BGM einen großen Stellenwert zu. Sie regelt die Entscheidungsfindung darüber in einer vertrauensbildenden Art und Weise. Dabei werden konkrete Informationsmedien wie Flyer, Versammlungen, Mitarbeiterzeitung, Workshops, Vorträge und Intranet aufgeführt. Die Entscheidung über die Art und Weise der Veröffentlichungen treffen Projektleitung und Projektbereich einvernehmlich. Auch der Personalrat ist ebenso wie das Personal- und Organisationsreferat berechtigt, Ergebnisse der Projekte zu veröffentlichen.

»Öffentlichkeitsarbeit/Veröffentlichungen
Alle Beschäftigten des jeweiligen Projektbereiches werden kontinuierlich über den aktuellen Projektstand und den Stand der Maßnahmenumsetzung informiert. Hierfür wird auf die vor Ort bewährten Formen wie z.B. Versammlungen, Mitarbeiterzeitung, Flyer, Workshops, Vorträge, Intranet etc. zurückgegriffen.
Die Entscheidung über den Zeitpunkt und die Art und Weise dieser Veröffentlichungen treffen die Projektleitung und der jeweilige Projektbereich gemeinsam.
Das Personal- und Organisationsreferat und der Gesamtpersonalrat sind berechtigt, Ergebnisse der durchgeführten Projekte im Rahmen der Öffentlichkeitsarbeit zu veröffentlichen. Veröffentlichungen während der Laufzeit der Projekte werden vorab mit dem jeweiligen Projektbereich abgestimmt.«

Öffentliche Verwaltung, 060700/239/2009

Nachstehend wird sowohl ein Erörterungsrecht als auch ein Vorschlagsrecht der Beschäftigten zu allen Themen des Arbeits- und Gesundheitsschutzes vereinbart. Zusätzlich wird für die Beschäftigten ein Beteiligungsrecht bei der Analyse und Bewertung von Gefährdungen gemäß § 5 ArbSchG festgehalten.

> »Die Beschäftigten haben das Recht, alle Themen aus dem Bereich der Sicherheit und des Gesundheitsschutzes offen anzusprechen und bei den zuständigen Stellen um Aufklärung zu bitten bzw. deren Eingreifen zu verlangen. Sie sind berechtigt, Vorschläge einzureichen, und werden bei der Durchführung der Gefährdungsanalyse beteiligt.«
>
> GROSSHANDEL (OHNE KFZ.), 110600/231/2010

Die Rechte der Beschäftigten werden nachfolgend besonders bei der Gefährdungsbeurteilung konkretisiert.

> »Mitwirkungs- und Reklamationsrecht der Arbeitnehmer
> Die Zusammenarbeit zwischen dem Arbeitgeber und den Beschäftigten ist für die Verwirklichung des Arbeits- und Gesundheitsschutzes und der betrieblichen Umsetzung des Arbeitsschutzrechts unabdingbar. Die Mitwirkung bei der Gefährdungsbeurteilung ist eine wesentliche Voraussetzung dafür, dass vorhandene Gefahren erkannt, realistisch beurteilt und effektive Schutzmaßnahmen festgelegt werden. Getroffene Maßnahmen sollen von Beschäftigten akzeptiert und unterstützt werden. Die Wirksamkeit der Maßnahmen ist zu ermitteln und zu bewerten.
> In die Ermittlung der möglichen Gefährdungen werden die Beschäftigten (u. a. durch Arbeitnehmerbefragung) einbezogen und haben Gelegenheit zur Meldung von Gefahren (siehe § 16 ArbSchG). Über die Ergebnisse der Gefährdungsbeurteilung informiert sie der Arbeitgeber. Die Beschäftigten bekommen Gelegenheit zur Stellungnahme, werden bei der Entwicklung geeigneter Schutzmaßnahmen gehört und können Vorschläge für ihren Arbeitsplatz bzw. Tätigkeitsbereich machen (siehe § 17 ArbSchG).«
>
> MESS-, STEUER- UND REGELUNGSTECHNIK, 060700/201/2008

In einer Dienstvereinbarung wird die Beteiligung der Beschäftigten an der Gefährdungsbeurteilung vorbildlich konkretisiert und u. a. ein Nachteilsverbot formuliert. In dieser Stadtverwaltung wird bei Beschwerden der Beschäftigten die Gefährdungsbeurteilung wiederholt.

> »Bei besonderen Belastungen und Gefährdungsmomenten werden die Ergebnisse von der verantwortlichen Führungskraft, Fachkraft für Arbeitssicherheit, Betriebsarzt/-ärztin, Dienststellenpersonalrat und Schwerbehindertenvertretung mit den konkret betroffenen Beschäftigten besprochen. Den Beschäftigten ist Gelegenheit zu geben, zu den Ergebnissen aus § 4 eine Stellungnahme aus ihrer Sicht abzugeben. Die Stellungnahme ist in die Dokumentation (siehe § 8) mit aufzunehmen.
> Den Beschäftigten dürfen wegen ihrer Mitarbeit bei der Beurteilung des eigenen Arbeitsplatzes keinerlei Nachteile entstehen.«
>
> ÖFFENTLICHE VERWALTUNG, 060700/262/2008

In etlichen Vereinbarungen wird das Beschwerderecht der Beschäftigten hervorgehoben. Das Recht auf Beschwerde nach dem BetrVG bleibt im folgenden Beispiel aus dem Jahr 1999 unberührt. Hier wird ein Beschwerderecht für den Arbeits- und Gesundschutz formuliert. Hält die bzw. der Beschäftigte den Weg ein, erst eine interne Abhilfe bei Beschwerden zu erreichen und gibt es dabei keine oder eine unzureichende Reaktion des Arbeitgebers, kann sie sich an die Aufsichtsbehörde für den Arbeitsschutz wenden. Dieser Tatbestand wird heute als Whistleblowing bezeichnet. Whistleblowing ist jedoch noch immer nicht ausreichend gesetzlich geregelt und birgt daher Risiken für die Beschäftigten.

> »Kommt es zu keiner Verständigung, können sie die Angelegenheit unter Angabe konkreter Anhaltspunkte bei den Fachabteilungen für Arbeitssicherheit, den Werksärztlichen Diensten oder dem Betriebsrat vorbringen. Bei Nichtverständigung kann die Angelegenheit im Arbeitsschutzausschuss behandelt werden. Sind Beschäftigte auf Grund konkreter Anhaltspunkte der Auffassung, dass die vom Arbeitgeber getroffenen Maßnahmen und bereitgestellten Mittel nicht ausreichen, um die Sicherheit und den Gesundheitsschutz bei der

Arbeit zu gewährleisten, und hilft der Arbeitgeber darauf gerichteten Beschwerden von Beschäftigten nicht ab, können sich diese an die zuständige Behörde wenden. Hierdurch dürfen Beschäftigten keine Nachteile entstehen (§ 17 Abs. 2 ArbSchG).«

CHEMISCHE INDUSTRIE, 060700/308/1999

Im folgenden Beispiel einer Dienstvereinbarung haben die Betriebsparteien an Diskriminierungsschutz gedacht. Sie betonen ausdrücklich die Gleichbehandlung aller Beschäftigten. Das Allgemeine Gleichbehandlungsgesetz (AGG) trat am 18. 8. 2006 in Kraft.

»Diese Dienstvereinbarung sichert die Gleichbehandlung aller Beschäftigten und gibt mit den anliegenden Vereinbarungen allen Beteiligten eine Richtlinie an die Hand.«

VERSICHERUNGSGEWERBE, 060700/210/2007

In dem anonymen Entwurf einer Gesamtbetriebsvereinbarung zum BGM wird das Maßregelungsverbot nach § 612a BGB angeführt. Danach darf ein Arbeitgeber einen Arbeitnehmer bei einer Vereinbarung oder einer Maßnahme nicht benachteiligen, wenn der Arbeitnehmer in zulässiger Weise seine Rechte ausübt. Da diese Vorschrift in der Praxis und in den Vereinbarungen bei Interessenvertretungen relativ unbekannt ist, ist ein solcher Hinweis in der BGM-Vereinbarung zu empfehlen.

»Aus der Wahrnehmung dieser Rechte dürfen den Beschäftigten keine Nachteile entstehen. Es gilt das Maßregelungsverbot nach § 612a BGB.«

ANONYM, 060700/300/0

In diesem anonymen Entwurf einer BGM-Gesamtbetriebsvereinbarung wird bei erheblicher Gesundheitsgefährdung der Beschäftigten das Arbeitsplatzentfernungsrecht für Beschäftigte unter Fortzahlung der Bezüge angesprochen, das in § 9 Abs. 3 ArbSchG zu finden ist.

»Bei nachgewiesener oder begründet vermuteter erheblicher Gesundheitsgefährdung besteht für die/den Betroffene/n ein Arbeitsverweigerungsrecht (Entfernungsrecht) unter Fortzahlung der Bezüge (analog § 9 Abs. 3 ArbSchG).«

Anonym, 060700/300/0

Weisungen, die erkennbar gegen Arbeits- und Gesundheitsschutz verstoßen, müssen nachfolgend von den Beschäftigten nicht befolgt werden.

»Die Arbeitnehmer dürfen erkennbar gegen Sicherheit und Gesundheit gerichtete Weisungen nicht befolgen, ihnen dürfen daraus keine Nachteile entstehen.«

Mess-, Steuer- und Regelungstechnik, 060700/201/2008

Unumgänglich ist ein Verbot von Leistungs- und Verhaltenskontrollen, gerade im Zusammenhang mit Gesundheitsdaten und beim Einsatz von Instrumenten des BGM. Nachfolgend ist dies eindeutig formuliert.

»Gesundheitsdaten werden nicht zu Zwecken der Leistungs- oder Verhaltensbeurteilung von Arbeitnehmern ausgewertet.«

Chemische Industrie, 060700/276/2010

Das folgende Verbot von Leistungs- und Verhaltenskontrollen bezieht sich auf § 5 ArbSchG, das heißt: auf die Gefährdungsbeurteilung.

»Die Beurteilung der Arbeitsbedingungen darf nicht zu Leistungs- und Verhaltenskontrollen genutzt werden.«

Anonym, 060700/300/0

3.1.3 Rechte der Schwerbehindertenvertretungen

Teilnahme an Gremien

Das BGM erfordert einen zentralen Lenkungsausschuss. Insofern ist immer festzulegen, wer am Lenkungsausschuss teilnehmen soll. Nachfolgend wird die Schwerbehindertenvertretung in das Gremium integriert.

»Die Organisation des Gesundheitsmanagements besteht aus folgenden Mitgliedern:
– Personalleiter
– Vorsitzender des Betriebsrates
– Betriebsarzt
– Sicherheitsbeauftragter
– Schwerbehindertenbeauftragter
Im Gesundheitsmanagement werden Informationen ausgetauscht; Projekte und Querschnittsthemen abteilungsübergreifend diskutiert und vorbereitet. Die Beteiligungsrechte des Betriebsrates nach dem BetrVG bleiben unberührt.«

METALLERZEUGUNG UND -BEARBEITUNG, 060700/198/0

Im Folgenden ist zu fragen: Inwieweit werden die Schwerbehindertenvertretungen und ihre gesetzlichen Aufgaben von den Betriebsparteien in den Vereinbarungen berücksichtigt? Werden sie tatsächlich umfassend in den Prozess des BGM eingebunden? Insbesondere wenn es um die Belange von Personen mit Behinderungen und Schwerbehinderungen geht – wie z. B. bei Prävention, Wiedereingliederung und Integration gemäß §84 Abs. 2 SGB IX – muss die SBV eingebunden werden. Nachfolgend wird zumindest die die Integration von Schwerbehinderten als Ziel beschrieben.

»Integration Schwerbehinderter
Präambel
Schwerbehinderte Menschen sind in besonderem Maße auf Solidarität und Unterstützung sowie Verständnis durch andere Menschen angewiesen. Ihre Eingliederung in Ausbildung und Arbeit ist wesentlicher Ausdruck und gleichzeitig Voraussetzung für eine gleichberechtigte Teilhabe am Arbeitsleben und zur Teilhabe am Leben in der Gemeinschaft. Die dauerhafte berufliche Integration schwerbehinderter Menschen ist nur durch eine partnerschaftliche Zusammenarbeit aller beteiligten Akteure innerhalb des Integrationsprozesses möglich.«

BILDUNGSEINRICHTUNG, 060700/138/2007

In einer Vereinbarung aus dem Gesundheitswesen wird die Vertrauensperson der behinderten und schwerbehinderten Beschäftigten ausdrücklich unter den internen Akteuren des BGM aufgeführt. Interne und externe Kooperation und Koordination aller Akteure und Stellen werden unter Einbeziehung der SBV als Qualitätsstandard des BGM vereinbart.

»Die Veränderungen im Gesundheitswesen erfordern den Auf- und Ausbau vernetzter Versorgungsstrukturen. Ziel des Vertrages ist die Verbesserung der Kooperation und Koordination zwischen dem betrieblichen Gesundheitsmanagement von [Firma] (unter Einbeziehung des Personalmanagements, des Betriebsrates, der Vertrauensperson der behinderten und schwerbehinderten Beschäftigten sowie des Arbeitsmedizinischen Dienstes), den Kostenträgern [...].«

GESUNDHEIT UND SOZIALES, 060700/108/2005

In der nachfolgenden Vereinbarung wird die SBV bei Bedarf zu den Sitzungen des Arbeitsschutzausschusses hinzugezogen. Das widerspricht dem Wortlaut des § 95 Abs. 4 SGB IX (Dau et al. 2009, S. 673). Die SBV hat das Recht, an jeder Sitzung des ASA teilzunehmen, wenn sie es wünscht.

»Die langfristige konzeptionelle und inhaltliche Planung der betrieblichen Gesundheitsförderung gehört zum Aufgabenbereich des Arbeitsschutzausschusses (ASA). Bei Bedarf können die Gleichstellungsbeauftragte, die Schwerbehindertenvertretung und andere Fachkräfte hinzugezogen werden.«

ÖFFENTLICHE VERWALTUNG, 060700/228/2009

Nachfolgend wird die Bestimmung anders und dem Gesetz entsprechend formuliert.

»Die Schwerbehindertenvertretung sowie je eine Vertreterin/ein Vertreter der Gleichstellungsstelle und des Betrieblichen Sozialdienstes können an den Sitzungen des Arbeitsschutzausschusses teilnehmen.«

ÖFFENTLICHE VERWALTUNG, 060700/83/2001

Im öffentlichen Sektor wird vielfach Wert darauf gelegt, die Angebote des BGM (hier: BGF) auch auf die Zielgruppe der behinderten und schwerbehinderten Beschäftigten auszurichten. Im nachfolgenden Beispiel geschieht dies ausdrücklich in Abstimmung mit der Schwerbehindertenvertretung.

> »Entsprechend den Leitlinien des Gender Mainstreamings beinhaltet die BGF eine gebotene Differenzierung ihrer Ziele und Maßnahmen und trägt damit zur Gleichstellung der Geschlechter bei. Sie berücksichtigt in Absprache mit der Schwerbehindertenvertretung ebenfalls mögliche Angebote für schwerbehinderte Beschäftigte.«

Öffentliche Verwaltung, 060700/61/2002

Viele gute Gründe sprechen dafür, die Schwerbehindertenvertretung umfassend in die Prozesse und Gremien des BGM zu integrieren. Dies gilt insbesondere, wenn von der betrieblichen Eingliederung als wichtigem BGM-Handlungsfeld ausgegangen wird (vgl. Oppolzer 2010, S. 31; Schimanski 2006). Nachfolgend ist die SBV Mitglied im Arbeitskreis Gesundheitsförderung. Zusätzlich wird zwischen internen Teilnehmenden und externen Fachexperten unterschieden. Die aktuelle Besetzung des Arbeitskreises Gesundheitsförderung ist im Intranet veröffentlicht.

> »Der Arbeitskreis Gesundheitsförderung besteht aus folgenden Teilnehmern:
> Vertreter/in des Personal- und Organisationsamts, Vertreter/in des Personalrats, Betriebsärztlicher Dienst, Fachkraft für Gesundheitsförderung, Vertreter/in des Gesundheitsamtes, Fachkraft für Arbeitssicherheit, Sicherheitsbeauftragte/r, Gleichstellungsbeauftragte, Schwerbehindertenvertreter/in, Vertreter/in der Ersthelfer. Bei Bedarf können an den Sitzungen des Arbeitskreises Vertreterinnen und Vertreter von folgenden beispielhaft genannten Institutionen beratend teilnehmen: Unfallversicherungsträger, Krankenkassen, Fachbereiche (z.B. Netzwerk [...]). Die aktuelle Besetzung des Arbeitskreises Gesundheitsförderung ist im Intranet eingestellt.«

Öffentliche Verwaltung, 060700/181/2007

Im Folgenden wird ein Arbeitskreis Gesundheit eingerichtet, an dem die Schwerbehindertenvertretung (SBV) beteiligt ist. Er ist für die Gesundheits- und Schwerbehindertenförderung zuständig.

> »Es wird ein Arbeitskreis Gesundheit eingerichtet. Aufgaben:
> - Der Arbeitskreis plant, steuert und koordiniert alle Aktivitäten in der Gesundheits- und Schwerbehindertenförderung.«

Öffentliche Verwaltung, 060700/222/2002

In der nächsten Vereinbarung werden Bestimmungen zum Einsatz von Gesundheitszirkeln aufgenommen und diese grundsätzlich als hierarchiefreie Räume bezeichnet. In den Zirkeln ist die Beteiligung der SBV und der Personalvertretung vorgesehen.

> »Gesundheitszirkel setzen sich aus Beschäftigten und der Personalvertretung/Schwerbehindertenvertretung zusammen; sie ermöglichen so die Beteiligung der Beschäftigten als Experten für ihren Arbeitsbereich. Sofern es als erforderlich angesehen wird, kann in Absprache mit der Projektleitung auch die Leitung des jeweiligen Projektbereichs zum Gesundheitszirkel eingeladen werden. Grundsätzlich aber gilt: ›Gesundheitszirkel sind hierarchiefreier Raum!‹ [...].«

Öffentliche Verwaltung, 060700/239/2009

3.2 Schlussbestimmungen

In die Schlussbestimmungen von Betriebs- bzw. Dienstvereinbarungen sind Mindestregeln aufzunehmen. Hierzu gehören u. a. ihr Inkrafttreten und ihre Kündigung.

> »Inkrafttreten und Kündigung
> Die Betriebsvereinbarung tritt mit Unterzeichnung in Kraft.
> Die Betriebsvereinbarung kann beidseitig mit einer Frist von sechs Monaten, erstmals zum 31. 12. 2010, zum Jahresende gekündigt werden. Die Kündigung bedarf der Schriftform.«

Mess-, Steuer- und Regelungstechnik, 060700/201/2008

Werden Anlagen zur BGM-Rahmenbetriebsvereinbarung erstellt und vereinbart, sind diese in den Schlussbestimmungen als Bestandteil der Vereinbarung aufzuführen.

> »Die folgenden Anlagen sind Bestandteil dieses Vertrages. Diese Anlage können, soweit erforderlich, gemeinsam ergänzt oder verändert werden.«

GESUNDHEIT UND SOZIALES, 060700/108/2005

Bei einer BGM-Rahmenbetriebsvereinbarung sollte in der Regel eine Nachwirkung bei Kündigung vereinbart werden. Im folgenden Beispiel einer Gesamtbetriebsvereinbarung wurde jedoch von einer Nachwirkung Abstand genommen.

> »Die Laufzeit der Rahmengesamtbetriebsvereinbarung beträgt 12 Monate. Sie verlängert sich um jeweils ein Jahr, sollte nicht eine der Vertragsparteien mit einer Frist von 3 Monaten zum Ende des 12-monatigen Zeitraums diese Vereinbarung kündigen. Bei fristgerechter Kündigung läuft die Rahmengesamtbetriebsvereinbarung ohne Nachwirkung aus.«

POSTDIENSTLEISTUNGEN, 060700/127/2002

Dagegen wird in einer Dienstvereinbarung die Nachwirkung vereinbart.

> »Diese Dienstvereinbarung tritt am 15. März 2001 in Kraft.
> Sie kann von jedem Vertragspartner ganz oder teilweise mit dreimonatiger Frist zum Schluss eines Kalenderjahres, erstmals zum 31.12.2001 gekündigt werden. Der Arbeitskreis BGF hat bei Bedarf ein Vorschlagsrecht zur Änderung/Kündigung der Dienstvereinbarung. Nach Eingang der Kündigung müssen unverzüglich Verhandlungen über eine neue Dienstvereinbarung bzw. über ggf. gekündigte Teile aufgenommen werden. Bis zum Abschluss der neuen Vereinbarung(en) gilt diese Dienstvereinbarung fort.
> Diese Dienstvereinbarung wird allen Beschäftigten durch die ›Dienstlichen Mitteilungen‹ und über das Intranet bekannt gemacht.«

ÖFFENTLICHE VERWALTUNG, 060700/61/2001

Die Betriebsparteien sollten die salvatorische Klausel aufnehmen.

> »Schlussbestimmungen
> Sollten einzelne Bestimmungen dieser Betriebsvereinbarung unwirksam sein oder werden, oder im Widerspruch zu gesetzlichen Bestimmungen stehen, so berührt dies die Wirksamkeit dieser Betriebsvereinbarung in ihrer Gesamtheit bzw. der anderen Bestimmungen nicht. Die unwirksame oder im Widerspruch stehende Regelung ist durch eine Regelung zu ersetzen, die dem Willen der Parteien möglichst nahe kommt. Gleiches gilt für eine evtl. Regelungslücke.«
>
> MASCHINENBAU, 060700/213/2003

4. Offene Fragen

Bei der Durchsicht und Auswertung der Betriebs- und Dienstvereinbarungen, BGM-Konzepte und Richtlinien stellen sich Fragen hinsichtlich der Qualität des vereinbarten BGM. Dabei beschränkt sich diese Untersuchung auf Ziele, Prozesse und Strukturen des BGM, wie sie in den Vereinbarungen formuliert sind.
Zunächst ist festzustellen, dass die Begriffe bzw. Etiketten für die jeweiligen betrieblichen BGM-Konzepte unterschiedlich ausfallen. Je nach Abschlussjahr benutzen ältere Vereinbarungen häufig den Begriff Betriebliche Gesundheitsförderung, während Vereinbarungen jüngeren Datums bereits überwiegend den Begriff Betriebliches Gesundheitsmanagement verwenden. Die Inhalte der Vereinbarungen unterscheiden sich wiederum dermaßen, dass der verwendete Begriff nicht unbedingt schon etwas Definitives über die Inhalte des BGM (z. B. BEM, Arbeitsschutz) und die Handlungsfelder bis hin zu den operativen Umsetzungsschritten aussagt. BGM erscheint in seiner inhaltlichen Ausprägung in etlichen Vereinbarungen eher als ein Etikettenschwindel, da im Text der Vereinbarung dann doch wieder eine Beschränkung auf individuelle Gesundheitsförderung der Beschäftigten im Sinne von Verhaltensprävention erfolgt. Wird dann zusätzlich die Betriebsvereinbarung »Betriebliches Gesundheitsmanagement« von den Betriebsparteien als freiwillige Betriebsvereinbarung nach §88 BetrVG bezeichnet, ist die Verwirrung komplett. Betriebsparteien sollten bei der Begriffsbestimmung sorgfältig vorgehen (Faller 2012, S. 17), denn: Hier werden wichtige inhaltliche und strategische Weichen für die jeweilige betriebliche Gesundheitspolitik gestellt (Göben 2003). Etliche untersuchte Betriebe, Dienstleistungsorganisationen und Verwaltungen sind recht weit von anerkannten Mindeststandards des BGM entfernt, was sich u. a. am Begriffswirrwarr und in einem fehlenden Grundverständnis des BGM zeigt. Bei der Ausgestaltung des BGM ist bislang nicht in allen betrieblichen Vereinbarungen ein strategischer Ansatz der Betriebsparteien im

Sinne einer betrieblichen Gesundheitspolitik erkennbar, wie er von der Expertenkommission der Hans-Böckler Stiftung und der Bertelsmann Stiftung im Jahr 2004 entwickelt wurde. Die untersuchten Vereinbarungen lassen mehrheitlich wichtige Faktoren vermissen: eine festgelegte BGM-Strategie, ein Engagement des Top-Managements, die Festlegung von konkreten und überprüfbaren Zielen als Teil der Unternehmensziele und die Integration des BGM in das Unternehmensleitbild und in Führungsgrundsätze. Ein strategischer Ansatz wäre eine notwendige Rahmenbedingung dafür, alle relevanten Managementbereiche in das BGM zu integrieren. Von einem Anschluss des BGM an andere Managementsysteme im Betrieb, in der Organisation oder in der Verwaltung kann in den meisten Vereinbarungen kaum die Rede sein. Deshalb wird die Integration von BGM in die gesamte Organisation in vielen Vereinbarungen auch unzulänglich beschrieben.

In den Vereinbarungen ist eine zu starke Ausrichtung auf Verhaltensprävention nachweisbar. Diese sollte zugunsten einer kombinierten Verhaltens- und Verhältnisprävention mit Schwerpunkt auf verhältnispräventive Ansätze und einer Ausrichtung auf eine »gesunde Organisation« und gute Arbeit im Sinne von menschengerechter Gestaltung der Arbeitsplätze und Arbeitsabläufe verändert werden (Badura/Hehlmann 2003, S. 119ff.).

Eng mit der fehlenden strategischen Ausrichtung hängt eine in den meisten Vereinbarungen feststellbare Scheu zusammen, auf wissenschaftlich anerkannte Theorien, Empfehlungen und Qualitätsstandards des BGM zurückzugreifen und Erfahrungen aufzuarbeiten, die in Projekten, Beispielen zu Best Practices und Leitlinien zum BGM und seinen Handlungsfeldern gut dokumentiert sind. Zu denken ist dabei u. a. an die salutogenetische Perspektive nach Antonowsky; an Prinzipien und den Setting-Ansatz der Luxemburger Deklaration zur Gesundheitsförderung (1997); an den Sozial- und Humankapitalansatz der Bielefelder Schule (2008); an die Mindeststandards des BGM nach Walter (2007); an den Bericht der Kommunalen Gemeinschaftsstelle für Verwaltungsvereinfachung zum BGM (2005); an die grundlegenden Zusammenhänge von Führung und Gesundheit und den Bericht der Expertenkommission zur Betrieblichen Gesundheitspolitik (2004).

Sicherlich geht es nicht um *die* einzig wahre inhaltliche Ausgestaltung des BGM. Die Inhalte müssen immer auf die betrieblichen Gegebenheiten vor Ort ausgerichtet sein, denn es gibt keinen alleinigen inhaltlichen Königsweg zum BGM. Es gibt aber Leitlinien und Empfehlungen zum Vorgehen und zum BGM-Managementansatz, die wissenschaftlich abgesichert und anerkannt sind (Badura et al. 1999, Walter 2007, Badura/Steinke 2009). Die Empfehlungen der Gesundheits-, Organisations- und Arbeitswissenschaftler zur Prozess- und Strukturqualität des BGM, zu Instrumenten des BGM und zur Wirksamkeitskontrolle von BGM-Interventionen und der jeweils dabei erreichte Forschungsstandard sollten als gesicherte arbeitswissenschaftliche Erkenntnisse in den jeweiligen betrieblichen Prozessen und Vereinbarungen berücksichtigt werden. Eine gute Idee (Badura/Steinke 2009, S. 32–33) wäre es deshalb, eine Betriebs- oder Dienstvereinbarung zeitlich zu befristen und sich als Betriebsparteien zu verpflichten, alle drei Jahre die schriftliche BGM-Vereinbarung zu aktualisieren und dabei neue Erkenntnisse und neue BGM-Themenfelder zu berücksichtigen.

Mangelnde Kenntnisse vor Ort führen u.a. dazu, dass die Betriebsparteien in den Vereinbarungen die Bedeutung der psychischen Gesundheit in der Wechselwirkung mit physischen Belastungen unterschätzen. Somit lässt das erzielte gemeinsame Verständnis von Belastungen und Beanspruchungen, Gesundheit, Gesundheitsförderung und Gesundheitsmanagement in einigen Vereinbarungen noch zu wünschen übrig. Hier sollte unbedingt die aktuelle Diskussion um eine Anti-Stress-Verordnung berücksichtigt werden.

In diesem Zusammenhang wird zunächst die Novellierung des ArbSchG im Jahr 2013 Abhilfe schaffen. Sie nimmt psychische Belastungen bei der Arbeit und durch die Arbeit ausdrücklich in den Katalog der Gefährdungsfaktoren nach § 5 ArbSchG auf. Deutlich wird in den Vereinbarungen die Bedeutung der Gefährdungsbeurteilung unterschätzt, die als methodischer Königsweg auch des BGM gelten kann. Psychische Belastungen müssen endlich Teil der Unterweisungen nach § 12 ArbSchG werden. Sie werden noch immer als Instrument für das BGM zu wenig genutzt und finden sich zu wenig in den BGM-Vereinbarungen. Im BEM als Bestandteil des BGM ist bei der Überwindung und Vorbeugung von Arbeitsunfähigkeit immer auch psychischen Belastungen nachzugehen (Gaul 2013, S. 61).

Einzelne Vereinbarungen konzentrieren sich auf Einzelaktivitäten des BGM. Sie kommen nicht eindeutig zum Aufbau eines BGM-Managementsystems und zu in sich geschlossenen Maßnahmenpaketen. Die Empfehlung, das BGM vom Individuum hin auf die Organisation auszurichten, wird überwiegend vernachlässigt. Insofern spielen in den meisten Vereinbarungen Organisationpathologien (vgl. Wolmerath/Esser 2012) wie z. B. Mobbing, schlechtes Betriebsklima, innere Kündigung und unbearbeitete erkaltete Konflikte keine Rolle. Diese Merkmale einer kranken Organisation werden weder erwähnt noch systematisch als Prozesse beschrieben (Badura et al. 1999, S. 31).

Die Empfehlung, stärker als bisher die salutogenetischen Fragestellungen in die betriebliche Gesundheitspolitik einzubeziehen – den Schwerpunkt auf das zu verlagern, was gesund erhält – lässt sich nicht in allen Vereinbarungen nachweisen. Die salutogenetischen Potenziale ergebnis- und mitarbeiterorientierten Handelns im BGM werden in vielen Betrieben, Verwaltungen und Organisationen noch immer unterschätzt. Darüber sollte die risikoorientierte Problemsicht nicht grundsätzlich aufgegeben werden, denn: Die pathogenetische Perspektive behält sicherlich langfristig ihre Berechtigung.

In den Vereinbarungen gehen die Betriebsparteien noch zu stark von Fehlzeiten aus. Fehlzeitenmanagement bzw. Anwesenheitsverbesserung ist nach der hier vertretenen Auffassung kein Element des BGM. Gesundheitswissenschaftler stehen dem Fehlzeitenansatz inzwischen mehrheitlich kritisch gegenüber. Fehlzeiten geben keinen Aufschluss über die Ursachen der Arbeitsunfähigkeit und sagen nichts über die tatsächliche Gesundheit der anwesenden und abwesenden Beschäftigten aus.

Zudem sind Arbeitsunfähigkeitsdaten sensible Gesundheitsdaten. Sie bewirken datenschutzrechtliche Probleme, auf die die Betriebsparteien nicht vorbereitet sind. Hier sollten Interessenvertretungen viel stärker als bisher den Fokus auf den Beschäftigtendatenschutz bei der Erhebung, Verarbeitung und Nutzung von Gesundheitsdaten im Rahmen des BGM richten. Die datenschutzrechtlichen Belange werden in den Vereinbarungen noch nicht ausreichend und angemessen berücksichtigt. Das gilt insbesondere für: die Gesundheitsberichterstattung, das BEM, die Gefährdungsermittlung und -bewertung sowie für die Durchführung von Mitarbeiterbefragungen. Für die Mitarbeiterbefragung ist seitens der Betriebsparteien zu berücksichtigen, dass allein die Entwicklung des Fragebogens eine höchst anspruchsvolle Aufgabe darstellt. Für die Datenerhebung und Auswertung bietet sich aus Datenschutzgründen die Einbeziehung einer externen Stelle an. Insbesondere sollten immer die betrieblichen und behördlichen Datenschutzbeauftragten viel öfter als bisher und von Beginn an in das BGM eingebunden werden, damit Datenschutzverstöße gegen das informationelle Selbstbestimmungsrecht der Beschäftigten vermieden werden (Walter 2007, S. 209).

Der Ansatz der Bielefelder Schule lautet: gesunde Mitarbeiter zu einem wirtschaftlich gesunden Unternehmen führen und mit BGM das Human- und Sozialkapital einer Organisation stärken. Dieser Ansatz lässt sich nur in wenigen Vereinbarungen indirekt – ohne Verwendung der Begriffe – nachweisen. BGM ist eine Investition in Sozial- und Humankapital und kann so zum wirtschaftlichen Erfolg der Organisation beitragen. Betriebsparteien sollten sich diese neue Denkweise aneignen, um so für mehr Nachhaltigkeit und langfristigen Erfolg von BGM zu sorgen. Dann kann die Wirkung von Krankenrückkehrgesprächen als disziplinierende Sozialtechnik besser erkannt werden. Denn diese führen zu Misstrauen und zerstören die sozialen Beziehungen von direkten Vorgesetzten und ihren Mitarbeiterinnen und Mitarbeitern (ebd., S. 212).

Laut Walter (2010, S. 146; 2007) ist von bestimmten Mindeststandards auszugehen, die für ein erfolgreiches und qualitätsorientiertes BGM unabdingbar sind:

1. Formulierung einer klaren inhaltlichen Zielsetzung
2. Abschluss schriftlicher Vereinbarungen
3. Errichtung eines Lenkungsausschusses
4. Bereitstellung von Ressourcen
5. Festlegung von personellen Verantwortlichkeiten
6. Qualifizierung von Experten und Führungskräften
7. Beteiligung und Befähigung der Mitarbeiter
8. Betriebliche Gesundheitsberichterstattung
9. Internes Marketing
10. Durchführung der vier Kernprozesse Diagnose, Planung, Intervention und Evaluation.

Diese Mindeststandards wurden in den untersuchten Vereinbarungen nicht immer ausreichend umgesetzt. In neueren Vereinbarungen von öffentlichen Verwaltungen wurden diese QM-Standards zum Teil auf hohem Niveau vereinbart.

BGM-Gesamtziele, die in die Vereinbarungen aufgenommen wurden, werden zwar oft in der Präambel korrekt genannt. Sie sind in den meisten Vereinbarungen aber nicht klar, nicht überprüfbar und dadurch nicht operationalisiert bzw. konkret beschrieben. »Der Mensch steht im Mittelpunkt« lautet zwar eine bekannte Losung. Ein konkretes Ziel lässt sich daraus jedoch nicht ableiten. Die strategischen bzw. allgemeinen BGM-Ziele werden in den Vereinbarungen kaum in operationalisierte und terminierte Teilziele übersetzt.

Die Überprüfung der Zielerreichung im BGM, z. B. durch den Lenkungsausschuss oder den verantwortlichen betrieblichen Gesundheitsbeauftragten, erfordert eine fundierte Datenbasis und somit eine ständige betriebliche Gesundheitsberichtserstattung. Deren Ausformulierung ist in den Vereinbarungen noch recht unvollständig. Die Bedeutung der Mitarbeiterorientierung wird zudem nicht vollständig erkannt. Überwiegend herrscht nach wie vor im BGM eher ein Top-down-Ansatz vor, in dem die Beteiligung und Befähigung der Beschäftigten eher nachrangig ist und nicht ausreichend spezifiziert wird. So sind z. B. Ergebnisse der BGM-Kernprozesse an alle Beschäftigten zurückzumelden, damit umfassende Transparenz auch als eine Voraussetzung für datenschutzrechtliche Zulässigkeit der Datenerhebung, -verarbeitung und -nutzung geschaffen wird. Die Beschäftigten sollten nicht nur bei der Identifizierung von Gesundheitsgefährdungen beteiligt werden, sondern auch bei der Entscheidungsfindung und Umsetzung von Lösungsvorschlägen.

Die personellen Ressourcen für das BGM in Form von Stellen oder Freistellung werden nicht ausreichend bzw. ganz selten vereinbart (Can 2012). Dies bleibt in fast allen Vereinbarungen eine Leerstelle.

Die Kernprozesse eines gelingenden BGM werden nicht immer deutlich unterschieden und die Phasen Diagnose (Bedarfsermittlung) und Evaluation (Wirksamkeitskontrolle) in ihrer Bedeutung unterschätzt. Das betriebliche Vorgehen muss noch stärker als bisher datengestützt begründet werden. Vor der geplanten Intervention sollte immer eine systematische Bedarfsanalyse stehen.

Nicht immer wird ein angestrebter Lernzyklus in den Vereinbarungen deutlich, der unerlässlich für eine kontinuierliche Verbesserung (KVP) im BGM ist. Das Problem der Kennzahlenentwicklung und Evaluation im BGM wird somit in den meisten Verwaltungen, Betrieben und Dienstleistungsunternehmen noch nicht ausreichend gelöst, obwohl

der Aufbau einer ständigen Gesundheitsberichterstattung in etlichen Vereinbarungen als wichtige Aufgabe durchaus erkannt wird.
Die Fort- und Weiterbildung für die Strukturen und Prozesse des BGM sollte unbedingt noch ausgebaut werden. Die regelmäßige Fort- und Weiterbildung für alle Akteure im BGM ist entscheidend für das Gelingen sozialer Innovationen im BGM.
Die Mitbestimmung der Interessenvertretungen ist in wenigen Vereinbarungen nicht nur auf die Entwicklung und den Abschluss einer schriftlichen Vereinbarung reduziert, sondern wird im Rahmen eines paritätisch besetzten Lenkungsausschusses u. a. auf strategisches Controlling und Mitentscheidung über die Durchführung von Interventionen ausgeweitet. Die Teilnahme der Interessenvertretungen an Sitzungen von Steuerungskreisen und Arbeitsgruppen ist überwiegend in den Vereinbarungen geregelt. Viel stärker als bislang sollte in den Vereinbarungen zusätzlich die eigene Fort- und Weiterbildung der Interessenvertretungen für das BGM im Detail festgelegt werden. Die Schwerbehindertenvertretung wird in den Vereinbarungen noch zu selten umfassend und konstruktiv in die BGM-Organisation einbezogen, was angesichts der demografischen Entwicklung und der zunehmenden Relevanz der Integrations- und Inklusionsproblematik nicht sinnvoll ist. Die Wiedereingliederung von Langzeiterkrankten bzw. von chronisch Erkrankten spielt allerdings in den Vereinbarungen unter dem Begriff BEM eine zunehmend wichtigere Rolle.
Ansätze zu einer verstärkten Kooperation und Netzwerkbildung hinsichtlich des BGM innerhalb und außerhalb der jeweiligen Organisation lassen sich zwar nachweisen. Sie könnten jedoch erheblich stärker ausgebaut werden. Es sollte immer eine zuständige Stelle geben, die den Kontakt u. a. zu zuständigen Stellen, Ämtern, Berufsgenossenschaften, zur Bundesanstalt für Arbeitsschutz und Arbeitsmedizin, zur Bundesagentur, zu den Krankenkassen und Kliniken bzw. Reha-Einrichtungen intensiv pflegt und viel stärker als bislang auch ein BGM-Netzwerk mit anderen Organisationen, Forschungseinrichtungen und Unternehmen aufbaut. Hierfür gibt es bereits gute Beispiele bestehender Unternehmensnetzwerke. Zudem wird die Netzwerkbildung inzwischen z. B. im BEM immer effektiver praktiziert und intensiviert.
Die internen Beauftragten für den Arbeits- und Gesundheitsschutz sollten möglichst stärker als bisher kooperieren und dabei immer auch die

Interessenvertretung einbeziehen, wie es z. B. die DGUV Vorschrift 2 vorsieht. Ein wichtiges Mittel zur Kooperation und für die Kommunikation kann dabei der Bericht der Betriebsärzte und Sicherheitsfachkräfte nach § 5 DGUV V2 sein.

5. Zusammenfassende Bewertung

Die vorliegende Untersuchung von Betriebs- und Dienstvereinbarungen zum BGM zeigt: Es stellt in vielen mittleren und größeren Unternehmen, Dienstleistungsbetrieben und Verwaltungen ein wichtiges Handlungsfeld für das Top-Management und betriebliche Interessenvertretungen dar. Die untersuchten Vereinbarungen erfüllen bereits ein wichtiges Qualitätskriterium. Sie bilden die schriftliche Vereinbarung, die für ein qualitätsorientiertes BGM unbedingt vorliegen soll, damit Rahmenbedingungen und Verantwortlichkeiten verbindlich geschaffen werden können. Die Untersuchung zielte darauf ab, herauszufinden, inwieweit Strukturen und Prozesse des vereinbarten BGM anerkannten Qualitätsmindeststandards entsprechen und in den Vereinbarungen insgesamt einen stimmigen Managementansatz bilden. In diesen Fragen werden Defizite in den Vereinbarungen deutlich, die im Folgenden benannt werden.

Die Frage nach den richtigen Inhalten, Handlungsfeldern und Themen des BGM wird in dieser Untersuchung nicht gestellt, da sie nur vor Ort und von den jeweiligen betrieblichen Experten und Beschäftigten beantwortet werden kann. Es wird aber deutlich, dass BGM-Prozesse und Strukturen auch vorhandene Gestaltungsansätze wie z. B. die betriebliche Suchtberatung verändern. Von daher sollte die Prävention von Sucht im Rahmen des BGM als betriebliche Interventionsmaßnahme neu konzipiert werden (Bamberg et al. 2011, S. 299 ff.). Grundsätzlich ist eine Konzentration auf das konzeptionelle Verständnis des BGM sowie auf seine Strukturen und Prozesse in den jeweiligen Vereinbarungen deshalb unumgänglich, weil die Rahmenbedingungen vor Ort immer unterschiedlich sind. Hierzu gehören u. a. die Größe des Unternehmens, der Dienstleistungsorganisation oder der Verwaltung; die Unternehmenskultur; die Beziehungen zwischen Interessenvertretung, Management und Belegschaft; die Vorerfahrungen der Akteure und die internen Kompetenzen sowie die Ressourcen. In dieser Untersuchung geht es deshalb ausschließlich um die Regeln eines professionellen Vorgehens im BGM.

Zunächst ist eine Vielfalt von Begriffen feststellbar, die in den Vereinbarungen genutzt werden. In älteren Vereinbarungen wird noch vielfältig der Begriff Betriebliche Gesundheitsförderung benutzt, während in den Vereinbarungen jüngeren Datums der Begriff Betriebliches Gesundheitsmanagement öfter gebraucht wird. Zum Teil werden die Begriffe aber auch genutzt, ohne dass wesentliche Unterschiede erkennbar sind. Die ungenaue Definition der Begriffe hat durchaus Konsequenzen für die Handlungsmöglichkeiten der Interessenvertretungen: So wird z. B. eine BGM-Betriebsvereinbarung als freiwillige Vereinbarung nach § 88 BetrVG deklariert, was so nicht richtig ist. In diesem Zusammenhang lassen sich manchmal Begriffswirrwarr, Etikettenschwindel und inhaltliche Unklarheiten in den Vereinbarungen feststellen.

Die deutlich erkennbaren Probleme mit den Begriffen verweisen zudem auf konzeptionelle Schwierigkeiten. Die Ergebnisse der Arbeits-, Gesundheits- und Organisationswissenschaftler werden von den Betriebsparteien vor Ort nicht oder nur unvollständig wahrgenommen und zu wenig aufgearbeitet. Einige Vereinbarungen aus der öffentlichen Verwaltung bilden hier eine Ausnahme. Durch die weitgehend fehlende Rezeption der wissenschaftlichen Erkenntnisse können die Vereinbarungen nicht die enge Verzahnung von Wissenschaft und praktischen Erfahrungen vor Ort sicherstellen, die für den zu etablierenden Lernzyklus des BGM so entscheidend wäre. Es fehlt somit weitgehend in der Praxis an Netzwerken, die die Arbeits-, Gesundheits- und Organisationswissenschaften einbeziehen. Denn hierüber schweigen die Vereinbarungen. Dies führt weiterhin dazu, dass in den Vereinbarungen oftmals die folgenden Erkenntnisse bzw. Tendenzen nicht oder nur ansatzweise berücksichtigt werden:

- von der BGF zum BGM
- von der pathogenetischen zur salutogenetischen Perspektive
- von der Person zum sozialen System.

In vielen Vereinbarungen stehen die Person und ihr Verhalten noch im Vordergrund, die Risikofaktoren wie im klassischen Arbeitsschutz noch im Mittelpunkt und erschöpfen sich die Maßnahmen in belastungsbezogenen Einzelaktivitäten und in einzelnen »Leuchtturmprojekten«. Die Interventionen erreichen aber nicht die Nachhaltigkeit und Syste-

matik eines umfassenden Managementansatzes. Organisationsbezogene Interventionsstrategien bilden dabei offenbar die Ausnahme.
Der Perspektivenwechsel zu einer salutogenen und kompetenzfördernden Sichtweise auf Gesundheit in der Organisation lässt sich in den Vereinbarungen selten nachweisen. In vielen Vereinbarungen führt dies dazu, dass neuere Gesundheitsschutzprobleme wie z. B. Präsentismus, Flexibilitätsanforderungen, prekäre Arbeitsverhältnisse oder alternsgerechte Arbeitsgestaltung nicht wahrgenommen und stattdessen Fehlzeitenmanagement, Krankenrückkehrgespräche und Fehlzeitenstatistiken favorisiert werden. Die Argumente der Gesundheitswissenschaften gegen eine Fixierung auf Fehlzeiten werden noch nicht angemessen aufgenommen.
In vielen Vereinbarungen lassen sich etliche Mindeststandards für ein qualitätsorientiertes BGM durchaus nachweisen. Die QM-Merkmale könnten jedoch noch konkreter beschrieben werden. Die strategischen und operativen Ziele des BGM sollten besser auseinandergehalten und operationalisiert bzw. messbar beschrieben werden. Hierzu fehlen konkrete Bestimmungen hinsichtlich Inhalt, Ausmaß und Qualität sowie Zeitpunkt der Zielerreichung. Messbare Ziele sollten auf jeden Fall schriftlich festgehalten werden. Die betriebswirtschaftlichen Ziele sollten ebenfalls in der Zielerreichung festgelegt bzw. operationalisiert werden, da ohne Verbesserung der Ergebnisse das BGM Schwierigkeiten bekommt, sich innerbetrieblich zu legitimieren.
Bei den betriebspolitischen Rahmenbedingungen für ein BGM sind wiederum viele gute Regelungen festzustellen. Die Betriebsparteien gehen vielfach davon aus, dass BGM als Führungsaufgabe anzulegen ist und in die schriftliche Vereinbarung möglichst viele konkrete Bestimmungen zu Strukturen und Prozessen des BGM aufzunehmen sind. Es werden personelle, zeitliche und finanzielle Ressourcen für die BGM-Arbeit einbezogen, ein Steuerungskreis bzw. ein Arbeitskreis Gesundheit eingerichtet und zumindest das Bekenntnis zur Beteiligung der Beschäftigten fehlt oftmals nicht. Dennoch bleibt die Umsetzung von Partizipation der Beschäftigten in vielen Vereinbarungen defizitär. Gesundheitszirkel als Beteiligungsinstrumente sind in vielen Organisationen eingeführt, normiert, erprobt und akzeptiert. Die Beteiligung der Beschäftigten könnte somit konkreter und ausdifferenzierter ausgearbeitet sein, da hierfür auch das ArbSchG in den §§ 15–17 gute Ansatzpunkte bietet.

Die Kernprozesse des BGM wie Diagnose, Planung der Intervention, Intervention und Evaluation werden oftmals in den Arbeitsschritten ausreichend beschrieben. Voraussetzungen für das Durchlaufen der Phasen werden geschaffen und umfangreiche Datensammlungen oder der Einsatz von Instrumenten des BGM für die Phasen geregelt.
Die jeweilige Interessenvertretung spielt in den Vereinbarungen eine wichtige, wenn auch noch auszubauende Rolle. Noch ist sie nicht in allen Vereinbarungen als gleichberechtigter Auftraggeber zum Top-Management anerkannt.
Die Integration des BGM in die Organisation unter Berücksichtigung aller Schnittstellen zu vorhandenen Managementansätzen könnte noch intensiver vorgenommen werden. Hinzu kommt, dass die Frage des eigenen Budgets bzw. der Finanzierung des BGM aus dem laufenden Haushalt für den Steuerungskreis und die Geschäftsführung des BGM oftmals in den Vereinbarungen nicht oder nicht konkret genug geregelt wird. Die Ernsthaftigkeit des Top-Managements in Sachen BGM zeigt sich immer darin, ob ausreichend finanzielle, personelle, zeitliche und räumlich-technische Ressourcen zur Verfügung gestellt werden. Rolle, Position und Stellung von Projektleitenden einschließlich ihrer zeitlichen Freistellung werden zudem in den Vereinbarungen vernachlässigt.
Gesundheitsbeauftragte oder Koordinatoren für Gesundheit, die neu eingestellt werden, kommen zwar in den Vereinbarungen vor. Ihre Aufgaben werden zudem recht detailliert beschrieben. Hierbei fehlen aber die Schnittstellen zu den bislang schon vorhandenen betrieblichen Beauftragten, die entweder gesetzlich vorgeschrieben oder freiwillig bestellt worden sind. Hierbei ist an die Arbeits- und Gesundheitsschutzexperten oder Suchtbeauftragten im Betrieb zu denken.
Die Netzwerkbildung sowohl intern als auch nach außen mit potentiellen Kooperationspartnern lässt ebenso zu wünschen übrig. Interne Partner wie die Abteilung Personal- oder Organisationsentwicklung sollten stärker als bisher einbezogen werden. Die interne Kooperation der Interessenvertretung mit allen internen Gesundheitsexperten ist stärker auszubauen. Neue mitzubestimmende Instrumente wie die Vereinbarung von Einsatzzeiten und Aufgaben der Betriebsärzte und Fachkräfte für Arbeitssicherheit sollten gemäß der DGUV V2 jetzt von den Interessenvertretungen auch für das BGM verstärkt genutzt werden. Zudem ist

auffällig, dass die Frage des Datenschutzes bei Gesundheitsdaten der Beschäftigten bislang eine eher untergeordnete Rolle spielt und zielgenauer als bisher bearbeitet werden muss. Hierfür wäre z. B. die verstärkte Kooperation der Interessenvertretung mit dem behördlichen oder betrieblichen Datenschutzbeauftragten angesagt.
Die Vereinbarungen sehen nicht vor, dass frühzeitig eine externe Prozessbegleitung für das BGM hinzugezogen wird. Externe Sachverständige werden nur selten hingezogen bzw. das Recht auf externe Sachverständige auch im BGM wird selten ausdrücklich geregelt. Die Zusammenarbeit z. B. mit Berufsgenossenschaften, Krankenkassen, Reha-Trägern, Kliniken, niedergelassenen Ärzten, Integrationsämtern und Integrationsfachdiensten wäre als BGM-Aufgabe für eine bestimmte Stelle oder Person im Unternehmen ausdrücklich aufzunehmen.
Die Qualifizierung für den BGM-Prozess und die Strukturbildung wird in den meisten Vereinbarungen vernachlässigt. Investitionen in das BGM sind wichtige Investitionen in das Human- und Sozialkapital der Organisation. An dieser Einsicht fehlt es manchmal, so dass notwendige Qualifizierungsmaßnahmen für alle Akteure des BGM einschließlich der Beschäftigten und der Führungskräfte oft zu kurz kommen und bei den Bildungsmaßnahmen die Mitbestimmungsrechte der Interessenvertretung nicht angemessen genutzt werden können. Bei den zu vermittelnden Kompetenzen in den Schulungsmaßnahmen zum BGM sollte noch stärker Wert gelegt werden auf die Vermittlung von Projektmanagementtechniken, denn: Die BGM-Implementierung beginnt oftmals mit einem Modellprojekt und die zuständige Projektleitung sowie die Projektmitarbeiter können ohne entsprechende Kompetenzen nicht erfolgreich sein.

6. Beratungs- und Gestaltungshinweise

Dieses Kapitel gibt Anregungen, welche Handlungsmöglichkeiten und inhaltliche Themen bei der Mitgestaltung von BGM für Interessenvertretungen wichtig sein könnten. Die zahlreichen Hinweise sind in folgendem Gestaltungsraster zusammengefasst. Es handelt sich dabei um einen Stichwortkatalog zur Unterstützung eigener Überlegungen für Eckpunkte einer Betriebs-/Dienstvereinbarung.

6.1 Gestaltungsraster

Ziele der Vereinbarung

- »Gesunde Mitarbeiter in gesunden Organisationen«
- gestiegene Bedeutung von Prävention, Arbeitsschutz und Gesundheitsförderung
- betriebsinterne Anlässe: zunehmende Lebenserwartung, längere Berufstätigkeit, Arbeitsverdichtung, Burnout und Stress, demografische Entwicklung, Vereinbarkeit von Beruf und Familie
- Arbeitsschutz, BEM und BGF als wichtige BGM-Bausteine
- Notwendigkeit eines nachhaltigen, integrativen, geschlechtergerechten und qualitätsorientierten BGM
- Strukturen und Prozesse eines BGM zur Förderung und Erhaltung der Gesundheit der Beschäftigten

Geltungsbereich

- Einzelvereinbarungen zum BGM und zu einzelnen Handlungsfeldern (Initiativrecht, Öffnungsklausel)
- Geltungsbereich der BV/DV zum BGM: persönlich, sachlich, räumlich

Begriffsbestimmungen und BGM-Verständnis
BGM: bewusste Steuerung und Integration aller betrieblichen Prozesse im Hinblick auf Gesundheit und Wohlbefinden der Beschäftigten

Ziele im BGM
- BGM dauerhaft verankern, Rahmenbedingungen festlegen, Rollen klären, einheitliche Voraussetzungen schaffen
- BGM ist das Dach für BEM, BGF und Arbeitsschutz
- alle Handlungsfelder integrieren bzw. verzahnen, z. B. Arbeitsschutzmanagement, BEM, Aus- und Fortbildung, Personalentwicklung, Organisationsentwicklung (Integration)
- Erforderlichkeit von BGM-Projekten, die bei den Arbeitsverhältnissen ansetzen (Verhältnisprävention)
- Gesundheit der Beschäftigten dauerhaft erhalten und fördern
- risikoorientierte Vorbeugung von Arbeitsunfällen, arbeitsbedingten Erkrankungen, gesundheitlichen Beeinträchtigungen und Gesundheitsgefährdungen (Pathogenese)
- vorbeugende Maßnahmen (Prävention) und Stärkung der Ressourcen für Gesundheit und Wohlbefinden (Salutogenese)
- individuelle Gesundheit und Gesundheitskompetenz der Beschäftigten (Verhaltensprävention) fördern
- Arbeitsorganisation, Arbeitsumgebung und Arbeitsprozesse (Vorrang der Verhältnisprävention) fördern
- bestehende Instrumente wie z. B. Leitbild, Führungsgrundsätze und Mitarbeitergespräch fortentwickeln

Leitlinien und Prinzipien des BGM
- beruht auf den Prinzipien Qualität, Freiwilligkeit, Dialog und Konsens
- ganzheitliches, systematisches und nachhaltiges Managementsystem
- systematisches Vorgehen im Sinne eines Regelkreises
- Projektmanagement erforderlich
- personen- und bedingungsbezogener Ansatz
- Perspektivwechsel: von der Verhaltens- zur Verhältnisprävention, von der Person zur Organisation
- Partizipation: möglichst viele Beschäftigte und Entscheidungsträger beteiligen

- auf Dauer und kontinuierliche Verbesserung anlegen (Nachhaltigkeit, Qualität)
- in alle wichtigen Entscheidungen integrieren (Integration)
- Führungsaufgabe
- gesundheitlich notwendige Maßnahmen und Ziele nicht rein wirtschaftlichen Überlegungen unterordnen
- unterschiedliche Lebenswirklichkeiten von Frauen, Männern und Teilzeitkräften mit Familienverpflichtungen berücksichtigen

Lenkungsausschuss BGM

- Steuerungsgremium im BGM-Prozess
- Aufgabe: Gesamtprozess ausrichten und strategisch weiterentwickeln
- kann dezentrale Arbeitskreise Gesundheit einrichten
- Arbeit des ASA bleibt unberührt
- Geschäftsordnung regelt u. a. Aufgaben, Teilnehmende, Vertreter/innen, Befugnisse und Ressourcen
- Projekte und Beschäftigtengruppen zum BGM einrichten
- verantwortlich für die Kernprozesse des BGM
- verantwortlich für Öffentlichkeitsarbeit im BGM

Gesundheitsbeauftragte/Gesund heitskoordinatoren

- Gesundheitsbeauftragte und ggf. dezentrale Gesundheitskoordinatoren bestellen
- zentraler Gesundheitsbeauftragter: Ansprechpartner für alle Beschäftigten und externe Kooperationspartner in allen Angelegenheiten des BGM
- dezentrale Gesundheitskoordinatoren beraten vor Ort
- Recht auf Vortrag bei der Geschäftsleitung
- ggf. Fortbildungsanspruch und Kündigungsschutz
- auf das Datengeheimnis verpflichten

Führungskräfte

- für Aufgaben und Pflichten im BGM fortlaufend qualifizieren
- Vorgesetzte an allen geplanten BGM-Maßnahmen frühzeitig und umfassend beteiligen
- für Erreichung der BGM-Ziele verantwortlich (BGM-Zielvereinbarung)

Betriebsärzte und Fachkräfte für Arbeitssicherheit

- Unfallverhütungsvorschrift DGUV V2 umsetzen
- Zuweisung der Grundbetreuungszeit für Betriebsärzte und Fachkräfte für Arbeitssicherheit und Feststellung des betriebsspezifischen Betreuungsaufwandes und der entsprechenden Aufgaben unterliegen Mitbestimmung der Interessenvertretung
- Aufgaben und Einsatzzeiten aus BGM-Betriebsvereinbarung berücksichtigen
- bei Bedarf kann der Betriebsrat/Personalrat jederzeit zur Umsetzung der DGUV V2 eine Betriebs- oder Dienstvereinbarung abschließen

Projektleiter/in

- Durchführungsverantwortung
- Umsetzungsverantwortung in der Linie
- umfassend zu qualifizieren
- verfügt über ausreichend zeitliche und personelle Kapazitäten

Vorgehensweise/konkrete BGM-Projekte

- systematisches, strukturiertes Vorgehen erforderlich
- Vorgehensmodell umfasst folgende Schritte:
- Diagnose als systematische Bedarfsanalyse der IST-Situation
- Interventionsplanung
- Interventionen durchführen
- Evaluation von Maßnahmen und Interventionen (Wirksamkeitskontrolle)
- Verbesserungsmaßnahmen
- Öffentlichkeitsarbeit (internes Marketing)

Wirksamkeitskontrolle/Evaluation

- Einigung auf qualitative und quantitative Kriterien für eine Evaluation des BGM in Form eines Evaluationskonzepts
- Betriebsarzt berät Betriebspartner bei Entwicklung von gesundheitsbezogenen Kennzahlen
- strikte Anonymisierung der Daten erforderlich
- Anonymisierung für Interessenvertretung nachweisen

Gefährdungsbeurteilung

- zeigt Handlungsbedarfe für BGM auf
- nur vollständig, wenn psychische Belastungen einbezogen sind
- vollständige Umsetzung der §§ 3, 4, 5 und 6 ArbSchG
- Beschäftigte einbeziehen, z. B. in Gesundheitszirkel
- operatives Konzept für die ganzheitliche Gefährdungsbeurteilung als Anlage zur Vereinbarung
- Gefährdungsbeurteilung bei wesentlichen Änderungen aktualisieren

Unterweisung

- Zusammenhang nach § 12 ArbSchG mit der Gefährdungsbeurteilung
- mitbestimmtes Konzept als Anlage zu Betriebsvereinbarung
- operatives Konzept legt Gegenstandsbereiche, Wirksamkeitskontrolle und die Dokumentation fest
- grundsätzlich durch die direkten Vorgesetzten
- neue Beschäftigte sind bei Arbeitsaufnahme von ihren Vorgesetzten zu unterweisen

Gesundheitszirkel

- bei allen BGM-Projekten in den betroffenen Bereichen installieren, mit Moderator/in
- Aufgabe: Analyse von Belastungen und gesundheitsförderlichen Faktoren am Arbeitsplatz
- Beschäftigte als Experten ihrer Arbeitssituation beteiligen
- Recht auf Teilnahme: BR/ PR und SBV
- Grundsatz: Gesundheitszirkel sind hierarchiefreie Räume
- bei der Auswahl der Teilnehmenden Freiwilligkeit
- Führungskräfte müssen Teilnahme sicherstellen
- Teilnahme an der Zirkelarbeit ist Arbeitszeit
- Umsetzung des im Zirkel beschlossenen Maßnahmenplans im Lenkungsausschuss beraten
- Verzögerungen in der Maßnahmenumsetzung und Ablehnung von Vorschlägen allen Beschäftigten und Teilnehmenden begründen

Mitarbeiterbefragung

- ausschließlich in anonymisierter Form durch externe Stellen
- Rückschlüsse auf einzelne Personen ausschließen

- Grundgesamtheit von 50 Personen einhalten
- Interessenvertretung an Fragebogenentwicklung und Durchführung von Befragungen beteiligen

Finanzierung
- im Bedarfsfall erhält BGM-Projekt eine zentrale Anschubfinanzierung
- Budgets für BGM-Projekte, Gremien und Verantwortliche bereitstellen

Qualifizierung
- ausreichende Qualifizierung als Voraussetzung für Gesundheit am Arbeitsplatz
- fachlich sowie Maßnahmen zur Erhaltung und Förderung individueller Gesundheitskompetenzen
- Personalentwicklungsmaßnahmen für ein »beteiligungsorientiertes BGM«
- Gesundheitskoordinatoren und -beauftragte für die Wahrnehmung ihrer Aufgaben schulen
- Interessenvertretungen haben das Recht, an Qualifizierungsmaßnahmen zum BGM teilzunehmen
- BGM ist verpflichtender Bestandteil der Führungskräftequalifizierung

Datenschutz
- zu allen BGM-Maßnahmen externen, betrieblichen bzw. behördlichen Datenschutzbeauftragten vorher hinzuziehen
- informationelles Selbstbestimmungsrecht der Beschäftigten gewährleisten
- personenbezogene Daten dienen ausschließlich dem Zweck des BGM
- Aufhebung der Zweckbindung ist nur mit Zustimmung des Betriebsrats und mit Einwilligung des betroffenen Beschäftigten möglich
- personenbezogene Inhalte der Gesundheitszirkel vertraulich behandeln
- Rückschlüsse auf einzelne Teilnehmende von Beschäftigtengruppen stets ausschließen

Interne und externe Netzwerkbildung

- neue bzw. bislang vernachlässigte Handlungsfelder wie z. B. Vereinbarkeit von Beruf und Familie, psychische Belastungen, Mutterschutz und demografischer Wandel können im BGM von allen Beteiligten initiiert werden
- auf Wunsch einer Betriebspartei Grundsätze für Handlungsfelder vereinbaren
- externe Stellen: insbesondere die außerbetrieblichen Servicestellen (§§ 22ff. SGB IX) sowie Träger wie Kranken-, Renten- und Unfallversicherungen, Bundesagentur für Arbeit, Integrationsamt, berufliche Rehabilitationsträger, Reha-Kliniken und Integrationsfachdienste
- alle gesetzlichen Beauftragten und sonstige Beauftragte des Arbeitgebers: zur Kooperation untereinander und mit den Interessenvertretungen verpflichtet

Internes Marketing, Öffentlichkeitsarbeit

- Grundsatz: alle Beschäftigten des jeweiligen Projektbereiches kontinuierlich über den aktuellen Projektstand und den Stand der Maßnahmenumsetzung informieren
- rechtzeitig und umfassend informieren: vor Einführung und Fortentwicklung von Maßnahmen des BGM, in geeigneter Form (Intranet, Betriebsversammlungen, Flyer, Anschreiben)
- in Unterweisungen über den Arbeitsschutz informieren (gemäß § 12 ArbSchG): über Ziele, Inhalte und Abläufe der BGM-Maßnahmen und Interventionen
- BGM-Handbuch ins Intranet einstellen

Rechte von BR/PR und SBV

- Zustimmung bei allen BGM-Maßnahmen und -Projekten
- können jederzeit eine beratende Sitzung des Lenkungsausschusses einberufen
- berechtigt, die Beauftragten des Arbeitgebers zum Arbeitsschutz und die Sicherheitsbeauftragten sowie die Teamleitungen zum Thema BGM zur ASA-Sitzung einzuladen
- Anspruch auf stetigen Meinungsaustausch und Kooperation mit allen BGM-Akteuren

- auf Wunsch Teilnahme an Schulungen zum BGM für Führungskräfte
- Rechte nach BetrVG, PersVG, SGB IX bleiben unberührt

Beteiligung und Befähigung der Beschäftigten, Rechte der Beschäftigten

- Vorschlags- und Reklamationsrecht im BGM
- jährliches Mitarbeitergespräch als Diagnose- und Evaluationsinstrument im BGM nutzen
- beteiligungsorientierte und geschlechtersensible Instrumente des BGM einsetzen: z. B. Mitarbeiterbefragungen, Fokusgruppen, Gefährdungsbeurteilungen oder Gesundheitszirkel
- Hinweis- und Unterstützungspflichten der Beschäftigten im Arbeitsschutznach §§ 15–17 ArbSchG
- Recht auf schriftliche/mündliche Beschwerde über Gesundheitsgefährdungen, auch in Form einer Gruppenbeschwerde
- Maßregelungsverbot von § 612a BGB bei Beschwerden und Anregungen
- Beschwerderechte nach BetrVG, PersVG und AGG bleiben unberührt, ebenso die Datenschutzrechte der Betroffenen nach §§ 33 ff. BDSG
- Grundsatz der Freiwilligkeit, z. B. im BEM, bei Maßnahmen der personenbezogenen Gesundheitsförderung, der Gesundheitszirkel und der Einrichtung bzw. Durchführung von Projekten
- Recht auf Einsicht in die Gefährdungsbeurteilung ihres Arbeitsplatzes oder Arbeitsbereichs
- Leistungs- und Verhaltenskontrollen verbieten
- dürfen aufgrund der Gefährdungsbeurteilung keinerlei Nachteile erfahren (Nachteilsverbot)
- Beweisverwertungsverbot
- Mitarbeit im BGM, z. B. in Projekten, Fokusgruppen, Gesundheitszirkel, ist Arbeitszeit

Weiterentwicklung der Vereinbarung

- vorliegende Vereinbarung neuen Erkenntnissen der Arbeits-, Gesundheits- und Organisationswissenschaften und neuen Themen anpassen
- alle drei Jahre evaluieren und aktualisieren

Konfliktregelung
Streitigkeiten aus der Auslegung oder der Durchführung der Vereinbarung werden durch Einigungsstelle entschieden, wenn vorherige Einigung nicht möglich

Schlussbestimmungen
- Zeitpunkt des Inkrafttretens der BV/DV
- Erfahrungen mit Umsetzung der Vereinbarung nach zwei Jahren auf Ergänzungen/Korrekturen überprüfen
- Vereinbarung einvernehmlich fortschreiben
- Kündigungsfrist und Nachwirkung festlegen
- Salvatorische Klausel

6.2 Ausgangspunkte für gestaltende Einflussnahme durch die Interessenvertretung

Im Folgenden geht es darum, Ansatzpunkte und Handlungsmöglichkeiten für Interessenvertretungen aufzuzeigen, wie sie das BGM in ihren Betrieben und Verwaltungen grundlegend gestalten und beeinflussen können. Dabei wird der Fokus auf aktuell diskutierte Ansätze gelegt und zwischen den zwingenden Mitbestimmungsmöglichkeiten der Interessenvertretungen und den freiwilligen Bestandteilen des BGM – quasi zwischen Pflicht und Kür im BGM – unterschieden (Badura et al. 2010, S. 105ff.; Faller 2012, S. 39ff.).
Bei vielen gesetzlichen Bestimmungen des Arbeits- und Gesundheitsschutzes hat der Arbeitgeber einen betrieblichen Handlungs- und Gestaltungsspielraum, da die rechtlichen Vorschriften nicht zwingend und abschließend sind. Dadurch wird eine betriebliche Regelung erforderlich, um das in den Vorschriften zum Gesundheitsschutz genannte Schutzziel erreichen zu können. Gerade im BGM können die Betriebsräte ihre zwingende Mitbestimmung gemäß §87 Abs. 1 Nr. 7 BetrVG nutzen, das heißt: ihre Initiativ-Mitbestimmung bei der Umsetzung der Rahmenvorschriften des öffentlich-rechtlichen Arbeitsschutzes. Diese müssen als gesetzliche Handlungspflichten betrieblich konkretisiert

werden, weil sie dem Arbeitgeber Handlungsspielräume lassen. Die Interessenvertretungen können in Betriebsvereinbarungen abstrakt-generelle betriebliche Regelungen durchsetzen, die sich auf einen kollektiven Tatbestand beziehen (LAG Hamburg vom 11.9.2012 – 1 TaBV 5/12). Im BGM-Kontext gehören hierzu Rahmenvorschriften aus dem ArbSchG und dem ASiG. Ob diese mittelbar oder unmittelbar dem Gesundheitsschutz dienen, ist laut BAG-Beschluss vom 8.6.2004 (1 ABR 4/03) unerheblich. Eine subjektive Regelungsbereitschaft des Arbeitgebers wird nicht gefordert. Diese in den letzten Jahren gestiegene Bedeutung der Initiativ-Mitbestimmung nach §87 Abs.1 Nr.7 BetrVG (Oberberg/Schoof 2012b) sollten Betriebsräte nutzen, um das BGM als gesetzliches Handlungsfeld mitgestalten zu können.

Da ist zunächst als mitbestimmungspflichtige Vorschrift nach den §§1, 2, 3, 5 und 6 ArbSchG die zwingende Pflicht des Arbeitgebers,

- Unfälle zu verhüten,
- arbeitsbedingte Gefährdungen einschließlich der psychischen Belastungen zu ermitteln und zu beurteilen,
- durch angemessene und erforderliche Maßnahmen des Arbeitsschutzes Gefährdungen abzuwenden und menschengerechte Arbeitsbedingungen zu schaffen.

Das BAG hat in seinem Beschluss vom 8.6.2004 (1 ABR 13/03) die Initiativ-Mitbestimmung des Betriebsrats bei der Vorbereitung und Durchführung der Gefährdungsbeurteilung und der Unterweisung gemäß §§5, 6, 12 ArbSchG vollumfänglich bestätigt. Im Jahr 2008 bekräftigt das BAG erneut (Urteil vom 12.8.2008 – 9 AZR 1117/06) die Mitbestimmung des Betriebsrats bei der Ausfüllung der Vorschrift zur Gefährdungsbeurteilung nach den §§5, 6 ArbSchG in Verbindung mit §618 BGB. Zuständig für die Wahrnehmung des Mitbestimmungsrechts hinsichtlich der Gefährdungsbeurteilung ist laut BAG vom 8.6.2004 (1 ABR4/03) der örtliche Betriebsrat, es sei denn, es existiert ein zwingendes Erfordernis nach einer betriebsübergreifenden Regelung.

Sollte der Arbeitgeber externe Personen mit der Durchführung von Gefährdungsbeurteilungen oder Unterweisungen beauftragen, so hat der Betriebsrat nach §87 Abs.1 Nr.7 BetrVG kein Mitbestimmungsrecht. Das BAG (vom 18.8.2009 – 1 ABR 43/08) verneint ein Mitbestimmungsrecht, weil es sich bei der Übertragung von Aufgaben an Dritte um Einzelmaßnahmen handeln würde. Das Gericht weist zugleich darauf hin, dass der Betriebsrat generalisierende Regelungen über Qualifikation und Kenntnisse dieser Personen in einer Betriebsvereinbarung festlegen und die Einhaltung der Bestimmungen überwachen kann.

In einem weiteren Beschluss vom 8. 11. 2011 (1 ABR 42/10) betont das BAG den engen Zusammenhang der Gefährdungsbeurteilung mit der Unterweisung der Beschäftigten nach § 12 ArbSchG. Es bestätigt wieder die Mitbestimmung des Betriebsrats bei der Unterweisung. Die Einigungsstelle habe die Erkenntnisse der Gefährdungsanalyse (§ 5 ArbSchG) zu berücksichtigen und die konkrete arbeitsplatz- oder aufgabenbezogene Unterweisung daran auszurichten.

§ 12 ArbSchG zur Unterweisung ist eine öffentlich-rechtliche Rahmenvorschrift zum betrieblichen Gesundheitsschutz. Sie dient der stärkeren Einbeziehung der Beschäftigten in den betrieblichen Arbeits- und Gesundheitsschutz. Diesen Leitgedanken des Arbeitsschutzrechts und auch des BGM hat das LAG Berlin-Brandenburg in einem Beschluss vom 19. 2. 2009 (1 TaBV 1871/08) ausdrücklich hervorgehoben. § 12 ArbSchG regelt den Sachverhalt der Vermittlung von Grundwissen in der Unterweisung wiederum nicht abschließend.

Die Mitbestimmung bei der Unterweisung über den Arbeitsschutz richtet sich u. a. auf

- die Festlegung der Methoden,
- die Setzung von Prioritäten und Rangfolgen,
- die Qualifizierung der Führungskräfte,
- die Rollen der Sicherheitsbeauftragten, Sicherheitsfachkräfte und Betriebsärzte,
- die Einbeziehung der Beschäftigten
- die Unterweisung bei neu eingerichteten Arbeitsplätzen oder Beschaffung neuer Arbeitsmittel
- die Festlegung der Wiederholungsunterweisungen.

Die Gefährdungsbeurteilung nach §§ 5, 6 ArbSchG kann von Betriebsräten umfassend mitbestimmt werden, so insbesondere die Beurteilung auch bei neuen Arbeitsplätzen oder der Beschaffung neuer Arbeitsmittel, Grob- und/oder Feinanalysen, Schwerpunktbildung bei den Untersuchungen, Auswahl der Tätigkeiten und Gleichartigkeit von Arbeitsplatzbedingungen, die Bestimmung der Gefährdungen, die Einbeziehung der Führungskräfte und der Beschäftigten, Auswahl und Einsatz von Methoden und Fragebögen für die Beurteilung, die Ableitung der Maß-

nahmen, Überprüfung der Wirksamkeit, die kontinuierliche Verbesserung nach § 3 Abs. 1 ArbSchG, die Wiederholung der Gefährdungsbeurteilung und die Art der Dokumentation der Gefährdungsbeurteilung. Psychische Belastungen sind gemäß § 5 Abs. 3 Nr. 4 und 5 ArbSchG und § 3 BildschArbV zu ermitteln und zu bewerten.
Beim Arbeits- und Gesundheitsschutz können hingegen Personalräte bei Maßnahmen der Dienststelle nach § 75 Abs. 3 Nr. 11 BPersVG mitbestimmen aber nicht bei der Vorbereitung der Gefährdungsbeurteilung. In einem aktuellen Beschluss hat sich das Bundesverwaltungsgericht (BVerwG) vom 14. 2. 2013 (6 PB 1.13) zu einem effektiven und vorbeugenden Gesundheitsschutz mit weitem Gesundheitsbegriff im Sinne eines BGM bekannt (lexitius.com/2013,436). Für den Sozial- und Erziehungsdienst gibt es einen Tarifvertrag zu Gesundheitsschutz und Gesundheitsförderung, der Personalräten neue Handlungsmöglichkeiten eröffnet (vgl. Müller 2010). Die Einführung und Änderung eines Konzepts über Gesundheitszirkel ist nach § 75 Abs. 3 Nr. 11 BPersVG mitbestimmungspflichtig (VG Berlin vom 20. 9. 2006 – VG 61 A 7.06).
Betriebs- und Personalräte können unter Nutzung ihres Initiativrechts darauf drängen, dass gemäß § 4 Nr. 3 ArbSchG der Stand der Technik, gesicherte arbeitswissenschaftliche Erkenntnisse der Arbeitsmedizin und Hygiene bei Arbeitsschutzmaßnahmen und auch im BGM insgesamt berücksichtigt werden. Für das BGM ist § 4 Nr. 4 ArbSchG von großer Bedeutung, da hier insgesamt eine fachliche Integration aller Maßnahmen bzw. Interventionen des BGM gefordert wird.
Ganz aktuell hat das BAG in seinem Beschluss vom 13. 3. 2012 (1 ABR 78/10) die Mitbestimmung des Betriebsrats beim BEM bejaht: nach § 84 Abs. 2 SGB IX gemäß § 87 Abs. 1 Nr. 1, 6 und 7 BetrVG. Das BEM ist allerdings nicht im Einzelfall mitbestimmungspflichtig, so das BAG vom 18. 8. 2009 (1 ABR 45/08). Das BVerwG betont im Beschluss vom 23. 6. 2010 (6 P 8.09) das Recht des Personalrats auf eine Liste der BEM-Berechtigten. Die Interessenvertretung kann das Verfahren zum BEM dazu nutzen, die im Betrieb (hoffentlich) vorliegende Gefährdungsbeurteilung zu evaluieren und zu aktualisieren. BEM kann als eine mögliche Weise der Überprüfung der Wirksamkeit der Arbeitsschutzmaßnahmen nach § 3 Abs. 1 Satz 2 ArbSchG aufgefasst und sollte als Chance für Interessenvertretungen genutzt werden (Kohte 2010, S. 374ff.; Romahn 2010; Britschgi 2011).

Dagegen ist die BGF ein freiwilliger Bestandteil von Vereinbarungen zum BGM. Hier haben Krankenkassen nach §§20ff. SGV V eine unterstützende Rolle. Maßnahmen des Arbeitgebers, z. B. in Richtung Gesundheitstag oder Gesundheitschecks für Führungskräfte, sind grundsätzlich freiwillig und müssen innerbetrieblich im Konsens beschlossen werden. Dies gilt ebenso für weitere konkrete verhaltenspräventive Maßnahmen wie u. a. Rückenschule, Bewegung, Betriebssport oder Zuschüsse zu Kuren. Diese verhaltensorientierten Maßnahmen einer BGF können dann in einer freiwilligen Betriebsvereinbarung nach §88 BetrVG vereinbart werden (Kohte 2008a, S. 43; Düwell et al. 2009, S. 539) und gehen über den gesetzlichen Arbeitsschutz hinaus.
Auch bei der Organisation des Arbeitsschutzes können Betriebs- und Personalräte initiativ mitbestimmen und hierfür eine Vereinbarung abschließen. Mitbestimmungsrechte ergeben sich bei der Bestellung und Abberufung von internen Betriebsärzten und Fachkräften für Arbeitssicherheit nach §9 ASiG und der nicht festgelegten Einsatzzeit für die betriebsspezifische Betreuung bei Unternehmen mit mehr als zehn Beschäftigten. Auch die Erweiterung, Einschränkung, Aufteilung und Festlegung ihrer Aufgaben gemäß §9 Abs. 3 ASiG und DGUV V2 zu den Einsatzzeiten und Aufgaben der Betriebsärzte und Fachkräfte für Arbeitssicherheit sind nicht ohne Beteiligung der Interessenvertretungen vorzunehmen (ausführlich vgl. Gümbel 2012).
Unstreitig ist, dass es sich bei der DGUV V2 um eine gesetzliche Rahmenvorgabe handelt, die entsprechend den betrieblichen Gegebenheiten in einer Verfahrensfestlegung von den Betriebsparteien zu konkretisieren ist. Betriebs- und Personalräte verfügen über entsprechende Mitbestimmungs- und Initiativrechte bei der Ermittlung und Aufteilung der erforderlichen Betreuungsmaßnahmen und Einsatzzeiten der Betriebsärzte und Fachkräfte für Arbeitssicherheit, die sie leider bis heute nicht ausreichend nutzen.
Gemäß §11 ASiG ist ein Arbeitsschutzausschuss (ASA) in Unternehmen mit mehr als 20 Beschäftigten zu bestellen. Für die Durchsetzung des ASA ist allein die zuständige Arbeitsschutzbehörde zuständig. Er hat eine Beratungsfunktion und der Betriebsrat kann mit zwei seiner Mitglieder am ASA teilnehmen. Es bietet sich für die Nutzung von Synergieeffekten immer an, den ASA um die Themen Gesundheit und ggf. Umwelt zu erweitern und ihn dadurch zum Steuerungskreis im

BGM zu machen. Um effektiv arbeiten zu können, sollte der ASA sich eine Geschäftsordnung geben und in der Geschäftsordnung seine Aufgaben um das Thema BGM erweitern.
Formalisierte Krankenrückkehrgespräche zur Aufklärung eines überdurchschnittlichen Krankenstandes mit einer nach »abstrakten Kriterien ermittelten Mehrzahl von Arbeitnehmern« sind auch im Rahmen des BGM nach §87 Abs. 1 Nr. 1 BetrVG bzw. §75 Abs. 3 Nr. 15 BPersVG mitbestimmungspflichtig. Denn dabei handelt es sich um ein Verhalten hinsichtlich der Ordnung des Betriebes bzw. der Dienststelle (BAG vom 8. 11. 1994 – 1 ABR 22/94; LAG Hamm, Beschluss vom 14. 1. 2005 – 10 TaBV 85/04; VG Frankfurt/M. vom 10. 12. 2001). Von formalisierten und institutionalisierten Krankenrückkehrgesprächen im BGM ist definitiv abzuraten, da sie Teil einer Misstrauenskultur sind (KGSt 2005, S. 31).
Bei einem BGM, das eine strukturierte und umfassende anonymisierte Fehlzeitenstatistik innerbetrieblich aufbauen will, hat der Betriebs- und Personalrat aufgrund des Einsatzes einer technischen Kontrolleinrichtung, z. B. des vorhandenen Personalinformationssystems, Mitbestimmungsrechte nach §87 Abs. 1 Nr. 6 BetrVG bzw. §75 Abs. 3 Nr. 17 BPersVG.
Bei der Planung und Durchführung von Mitarbeiterbefragungen und Gesundheitszirkeln sind Mitbestimmungsrechte der Betriebs- und Personalräte zu beachten, u. a. gemäß §87 Abs. 1 Nr. 1, 6, 7 und §94 BetrVG.

6.3 Wesentliche rechtliche Grundlagen

In diesem Kapitel werden die wesentlichen rechtlichen Grundlagen für das BGM erörtert, die den Interessenvertretungen viele rechtliche Handlungsmöglichkeiten eröffnen.
Dabei kommt dem Überwachungsrecht des Betriebs- und Personalrates und der Schwerbehindertenvertretung einschließlich des dazugehörigen Informationsrechts große Bedeutung zu (Eberhardt et al. 2011, S. 221 ff.). Die Interessenvertretungen haben nach §80 Abs. 1 Nr. 1 BetrVG, §68 Abs. 1 Nr. 2 BPersVG und §95 Abs. 1 Nr. 1 SGB IX die

Pflicht zu überwachen, dass die zugunsten der Arbeitnehmer geltenden Gesetze, Verordnungen, Unfallverhütungsvorschriften, Tarifverträge und Betriebs-/Dienstvereinbarungen vom Arbeitgeber umgesetzt werden. Hierzu gehören im BGM als Gesetze das BetrVG, die PersVG, das ArbSchG von 1996, das ASiG von 1972, das AGG von 2006, das Arbeitszeitgesetz von 1994, das BDSG bzw. die Länderdatenschutzgesetze, die Sozialgesetzbücher V, VII und IX sowie das BGB.
Im ArbSchG sind für das BGM folgende Bestimmungen von herausragender Bedeutung: zur Gefährdungsbeurteilung einschließlich der psychischen Belastungen (§§ 5, 6), zu den Organisationspflichten des Arbeitgebers (§ 3 Abs. 2, § 4), zur Delegation der Arbeitsschutzpflichten auf geeignete Personen (§ 13), zur Unterweisung (§ 12) und zu den Rechten und Pflichten der Beschäftigten (§§ 15–17). Hier hat das BAG in wegweisenden Entscheidungen zu den §§ 5, 6 und 12 ArbSchG in den Jahren 2004, 2008 und 2011 die unbedingt erforderliche Mitbestimmung des Betriebsrats bei der Gefährdungsermittlung und -bewertung und der Unterweisung ausdrücklich hervorgehoben, so zuletzt in seinem Beschluss vom 11. 1. 2011 (1 ABR 104/09) zur Unterweisung im Arbeitsschutz. Zu erinnern ist auch an die Rangfolge der Schutzmaßnahmen gemäß § 4 ArbSchG, wonach individuelle Schutzmaßnahmen nachrangig zu anderen Maßnahmen sind.
Das BGM lebt von der Einbeziehung der Beschäftigten als Experten ihrer Arbeitssituation. Beschäftigte haben Rechte u. a. auf Information, Unterrichtung, Einsicht in Unterlagen, Beschwerde und Qualifizierung. Hierzu finden sich rechtliche Anforderungen in §§ 81 ff. BetrVG und in §§ 15–17 ArbSchG (Faller 2012, S. 49 f.). Beschäftigte haben laut § 15 Abs. 1 ArbSchG die Pflicht zur Eigen- und Fremdvorsorge. Nehmen die Beschäftigten ihre Rechte wahr, dürfen sie nicht gemaßregelt werden (§ 612a BGB). In § 9 Abs. 3 ArbSchG ist ein Arbeitsplatzentfernungsrecht für Beschäftigte geregelt, wenn sie sich akut in unmittelbarer erheblicher Gefahr befinden.
Ein individualrechtlicher Anspruch auf Durchführung einer Gefährdungsbeurteilung ist aus § 618 BGB abzuleiten, ebenso ein Anspruch auf Durchführung eines BEM gemäß § 618 BGB in Verbindung mit § 7 ArbSchG. Einen einklagbaren Anspruch auf Gefährdungsbeurteilung hat das BAG im Urteil vom 12. 8. 2008 – 9 AZR 117/06 – bestätigt. Zudem muss der Arbeitgeber eine Gefährdung für Leben und Gesund-

heit von Beschäftigten vermeiden. Dies folgt sowohl aus dem ArbSchG als auch aus den §§ 241 Abs. 2 und 618 Abs. 1 BGB.
Betriebs- und Personalräte müssen auch das Gleichbehandlungsgebot gemäß § 75 Abs. 1 BetrVG beachten und das Recht der Beschäftigten auf Persönlichkeitsschutz gemäß § 75 Abs. 2 BetrVG wahren und fördern. Dies gilt insbesondere für Datenschutzregelungen im BGM, die das Recht auf informationelle Selbstbestimmung gewährleisten müssen und gesetzliche Datenschutzbestimmungen nicht unterschreiten dürfen. Wenn im BGM das Thema Eingliederung ansteht, ist die UN-Behindertenrechtskonvention zu berücksichtigen und Inklusion ein wichtiges Ziel auch des BGM.
Bei allen Maßnahmen des BGM ist sicherzustellen, dass Grundrechte der Beschäftigten nicht beeinträchtigt werden. So ist u. a. zur Einleitung eines BEM die freie Zustimmung des Beschäftigten in Kenntnis der Sachlage ausdrücklich in § 84 Abs. 2 SGB IX gefordert. Ein ordnungsgemäßes BEM nach BAG-Rechtsprechung, als eine wichtige Säule des BGM, setzt zudem eine Aufklärung der berechtigten Beschäftigten über die Art der Daten und der Datenverarbeitung voraus.
Alle handelnden Akteure des BGM müssen ausreichend qualifiziert sein. Dies gilt gleichermaßen für Betriebs- und Personalräte, Führungskräfte, Beschäftigte und Beauftragte des Arbeitgebers. Rechtliche Anknüpfungspunkte für die erforderliche Fachkunde finden sich in § 2 Abs. 3, § 5 Abs. 2 ASiG, § 12 ArbSchG zur Unterweisung und in § 13 Abs. 2 ArbSchG zur Fachkunde von beauftragten geeigneten Personen im Arbeitsschutz. Betriebsräte können ihre Rechte nach §§ 96–98 BetrVG nutzen, eine Berufsbildungsbedarfsanalyse durchsetzen, bei Änderungen der Arbeitsbedingungen entsprechende Bildungsmaßnahmen mitbestimmen und gleichzeitig ihre Initiativ-Mitbestimmung bei Arbeitsverdichtung nutzen und die Einigungsstelle anrufen. Hierfür gibt es wichtige Entscheidungen der Arbeitsgerichte (LAG Hamburg, Beschluss vom 31. 10. 2012 – 5 TaBV 6/12 –, und LAG Hamm vom 9. 2. 2009 – 10 TaBV 191/08 –).
Das ASiG regelt die Organisation des Arbeitsschutzes als Kommunikationsprozess. Die Beauftragten des Arbeitgebers im Arbeits-, Gesundheits- und Umweltschutz sind nicht weisungsbefugt und haben die Aufgabe, bei der Umsetzung der rechtlichen Vorschriften fachkundig zu beraten und zu kontrollieren. Für Betriebs- und Personalräte sind hier

die Bestimmungen zu Stellung und Aufgaben der Betriebsärzte und Fachkräfte für Arbeitssicherheit in §§ 3ff. und 6ff. ASiG wichtig. In § 9 Abs. 3 ASiG wird die Kommunikation und die Kooperation der Beauftragten mit dem Betriebsrat und in § 11 ASiG die Zusammensetzung des ASA geregelt. Der ASA muss mindestens vierteljährlich zusammentreten. In ihm sind alle wichtigen Akteure des Arbeits- und Gesundheitsschutzes vertreten. Im BGM kann dieser Ausschuss um die Aufgabe des Gesundheitsmanagements erweitert und weitere interne und externe Experten bei Bedarf hinzugezogen werden.

Bestimmungen zu den Umweltbeauftragten finden sich in den verschiedenen Umweltgesetzen, z. B. im Bundesimmissionsschutzgesetz. Eine Verpflichtung der Experten, auch untereinander zu kooperieren, findet sich in § 10 ASiG. Im Kontext des BGM sollten die Interessenvertretungen nicht die Sicherheitsbeauftragten vergessen, deren Aufgaben, Stellung und Fortbildung in §§ 22, 23 SGB VII und § 89 BetrVG detailliert geregelt sind. Im BGM sollte das praktische Erfahrungswissen dieser Beschäftigten unbedingt genutzt werden. Sie sind wichtige Repräsentanten der Belegschaft.

Die wichtigen Bestimmungen zum Datenschutzbeauftragten finden sich in den §§ 4 f und g BDSG und in den entsprechenden Landesdatenschutzgesetzen. Hier sind die Stellung und die Aufgaben geregelt. Er hat ebenfalls eine beratende Funktion und muss bei sensiblen Daten (§ 3 Abs. 9 BDSG), zu denen Gesundheitsdaten gehören (z. B. AU-Daten), u. a. eine Vorabkontrolle durchführen und die Zulässigkeit der Datenerhebung, -verarbeitung und -nutzung gemäß § 28 Abs. 6 BDSG prüfen.

Zu den wichtigen Rechtsverordnungen, die für das BGM von Bedeutung sind, gehören u. a. die BildscharbV, die Persönliche Schutzausrüstung-Benutzungsverordnung (PSA-BV), die Betriebssicherheitsverordnung, die Gefahrstoffverordnung, die Arbeitsmedizinvorsorgeverordnung von 2008 (ArbMedVV), die Lastenhandhabungsverordnung, die Lärm- und Vibrations-Arbeitsschutzverordnung und die Arbeitsstättenvorordnung (ArbStättV). In der BildscharbV ist § 3 eindeutig: Psychische Belastungen sind bei einer ganzheitlichen Gefährdungsbeurteilung gemäß § 5 ArbSchG einzubeziehen. In 2013 wird aktuell das ArbSchG in den §§ 4, 5 Abs. 3 (neue Nr. 6) geändert: Dabei werden psychische Belastungen als Themen der Gefährdungsbeurteilung und -bewertung ausdrücklich aufgenommen.

Im Arbeitsstättenrecht wurde die ArbStättV novelliert, diverse Arbeitsstättenregeln wurden neu gefasst. Hierdurch ergebene sich neue Möglichkeiten zur Gestaltung von Arbeitsstätten durch Mitbestimmung (vgl. Kiper 2013). Anfang 2011 trat die Unfallverhütungsvorschrift DGUV V2 zu den Einsatzzeiten und Aufgaben der Betriebsärzte und Fachkräfte für Arbeitssicherheit in Kraft. Hier haben die Interessenvertretungen eine Überwachungs- und Mitbestimmungspflicht, u. a. aufgrund von § 9 ASiG.

Im Sozialgesetzbuch IX werden die Rechte und Teilhabe der schwerbehinderten Personen und ihrer Vertretung in Verwaltungen und Betrieben geregelt. Insbesondere sind §§ 1, 84 Abs. 2 SGB IX im Zusammenhang mit dem BGM relevant. Das BEM kann – so aktuell das BAG – von den Interessenvertretungen mitbestimmt werden und bietet viele Schnittstellen zum Arbeits- und Gesundheitsschutz und zur BGF (Kohte 2008a, S. 48). Im Rahmen des BEM müssen Interessenvertretungen die Regelungen zur Stufenweise Wiedereingliederung (§ 28 SGB IX, § 74 SGB V) kennen.

Nähere Bestimmungen zu der Rolle, den Rechten, Aufgaben und der Stellung der Schwerbehindertenvertretung finden sich in §§ 95, 96, 97 SGB IX. Ein generelles Unterrichtungsrecht ist in § 95 Abs. 2 Satz 1 SGB IX und das grundlegende Anhörungsrecht in § 95 Abs. 2 Satz 1 SGB IX geregelt. Die Anforderungen an eine erforderliche Zusammenarbeit mit anderen Interessenvertretungen im Betrieb regelt § 99 SGB IX. Themen des BGM, der BGF einschließlich des BEM kann die SBV in einer Integrationsvereinbarung nach § 83 Abs. 2a Nr. 5 SGB IX aufnehmen. Hierbei ist jedoch der Abschluss einer Betriebs- oder Dienstvereinbarung zum BGM vorzuziehen, da aus der Integrationsvereinbarung als Kollektivvertrag eigener Art keine individualrechtlichen Ansprüche abzuleiten sind (Dau et al. 2009, S. 438).

7. Bestand der Vereinbarungen

Art der Vereinbarung	Anzahl
Betriebsvereinbarung	58
Gesamtbetriebsvereinbarung	14
Konzernbetriebsvereinbarung	5
Europäische Betriebsvereinbarung/ Welt-Vereinbarung	2
Sprechausschuss-Vereinbarung	1
Konzept, Richtlinie, Leitlinie	4
Regelungsabrede	3
Dienstvereinbarung, PersVG-Regelungen	35
Entwürfe Betriebsvereinbarung/Dienstvereinbarung	3
Gesamt	**125**

***Tabelle 1:** Art und Anzahl der Vereinbarungen*

Branche	Anzahl
Öffentliche Verwaltung	35
Gesundheit und Soziales	9
Metallerzeugung und -bearbeitung	12
Chemische Industrie	6
Maschinenbau	5
Telekommunikationsdienstleister	4
Bildungseinrichtung	4
Fahrzeughersteller Kraftwagen	4

Branche	Anzahl
Sonstige Verkehrsdienstleister	3
Unternehmensbezogene Dienstleistungen	3
Bergbau/Kohlebergbau	3
Mess-, Steuer- und Regelungstechnik	3
Fahrzeughersteller von Kraftwagenteilen	3
Nachrichtentechnik/Unterhaltungs-, Automobilelektronik	3
Postdienstleistungen	3
Versicherungsgewerbe	2
Informationstechnikhersteller	2
Glas- und Keramikgewerbe	2
Fahrzeughersteller sonstiger Fahrzeuge	2
Einzelhandel (ohne Kfz.)	1
Großhandel (ohne Kfz.)	1
Landverkehr	1
Energiedienstleister	1
Forschung und Entwicklung	1
Elektroindustrie	1
Gummi- und Kunststoffhersteller	1
Wasserversorger	1
Datenverarbeitung u. Softwareentwicklung	1
Luftverkehr	1
Grundstücks- und Wohnungswesen	1
Kreditgewerbe	1
Verlags- und Druckgewerbe	1
Anonym	4
Gesamt	**125**

Tabelle 2: *Verteilung der Vereinbarungen nach Branchen*

Abschlussjahr	Anzahl
1980	1
1994	2
1996	2
1997	2
1998	2
1999	5
2000	8
2001	7
2002	13
2003	5
2004	6
2005	11
2006	8
2007	13
2008	14
2009	15
2010	8
2011	3
Gesamt	**125**

Tabelle 3: *Abschlussjahr der Vereinbarungen*

Glossar

Beanspruchung
Ist die Auswirkung der Belastung auf eine Person in Abhängigkeit von ihren individuellen Eigenschaften und Fähigkeiten sowie den jeweils spezifischen Arbeitsumfeldbedingungen (Belastungskombinationen und Wechselwirkungen).

Belastung
Ist die Gesamtheit der äußeren Bedingungen und Anforderungen im Arbeitssystem, die physisch und/oder psychisch auf eine Person einwirken.

Betriebliches Eingliederungsmanagement (BEM)
Ist in § 84 Abs. 2 SGB IX geregelt und umfasst bedarfsorientiert Maßnahmen der Prävention, Gesundheitsförderung und Rehabilitation.

Betriebliche Gesundheitsförderung (BGF)
Umfasst insbesondere die Verhaltens- und Verhältnisprävention, den Abbau von Belastungen am Arbeitsplatz sowie die Stärkung der Selbstbestimmung durch die Förderung eines Gesundheitsbewusstseins. BGF wird allgemein verstanden als Bereitstellung überwiegend verhaltensorientierter Angebote zu Bewegung, Ernährung oder Stressbewältigung.

Betriebliches Gesundheitsmanagement (BGM)
Die Entwicklung betrieblicher Rahmenbedingungen, betrieblicher Strukturen und Prozesse, die die gesundheitsförderliche Gestaltung von Arbeit und Organisation und die Befähigung zum gesundheitsfördernden Verhalten der Beschäftigten zum Ziel haben.

Betriebliche Gesundheitspolitik
Legt die Ziele zum Schutz und zur Förderung von Gesundheit und Sicherheit der Beschäftigten fest, das dabei zur Anwendung kommende Verständnis von Gesundheit und die angenommenen Wechselwirkungen. Als Teil der Unternehmenspolitik dient sie den Unternehmenszielen ebenso wie dem Wohlbefinden und der Leistungsfähigkeit der Beschäftigten. Sie legt Entscheidungswege, Zuständigkeiten und Ressourcenverbrauch fest sowie den notwendigen Qualifizierungsbedarf und beauftragt ein zentrales Gremium mit der operativen Arbeit hinsichtlich einer gesunden Organisation.

Eingliederung
Ist der Einsatz der Beschäftigten gemäß ihrer Fähigkeiten und Fertigkeiten.

Evaluation
Zielt im BGM auf die Überprüfung der Ergebnisqualität, d. h. die Erfassung des Ausmaßes, in dem die angestrebten BGM-Ziele erreicht wurden (Ergebnisqualität), sowie auf die Überprüfung von Standards als Voraussetzung für gute Qualität (Struktur- und Prozessqualität).

Gefahr
Eine Sachlage, die bei ungehindertem Ablauf zu einem Schaden führt, wofür eine hinreichende Wahrscheinlichkeit einer Gesundheitsbeeinträchtigung gefordert wird.

Gefährdung
Lässt allein die Möglichkeit einer gesundheitlichen Beeinträchtigung oder eines Schadens genügen, ohne dass bestimmte Anforderungen an deren Ausmaß oder Eintrittswahrscheinlichkeit gestellt werden.

Gesundheit
Fähigkeit zur Problemlösung und Gefühlsregulierung, durch die ein positives seelisches und körperliches Befinden – insbesondere ein positives Selbstwertgefühl – und ein unterstützendes Netzwerk sozialer Beziehungen erhalten oder wieder hergestellt wird.

Gesundheitszirkel

Gesundheitszirkel sind eine Form der betrieblichen Kleingruppenarbeit und setzen den Fokus ihrer Arbeit auf Belastungen und gesundheitliche Probleme am Arbeitsplatz. Der Grundgedanke ist, dass Betroffene im Unternehmen zu Beteiligten gemacht werden, indem sie als Experten ihrer Arbeitssituation hinzugezogen werden und selbstbestimmt Lösungen für die Probleme am Arbeitsplatz entwickeln.

Internes Marketing

Umfang und Qualität der innerbetrieblichen Kommunikation darüber, was im BGM geplant, getan und erreicht worden ist, im Sinne von Aufklärung, Transparenz und Vertrauensbildung.

Krankheit

Mehr als nur körperliche Fehlfunktion oder Schädigung. Auch beschädigte Identität oder länger anhaltende Angst- oder Hilflosigkeitsgefühle müssen wegen ihrer negativen Auswirkungen auf Denken, Motivation und Verhalten, aber auch auf das Immun- und Herz-Kreislauf-System als Krankheitssymptome begriffen werden.

Ottawa-Charta der WHO

Gesundheitsförderung zielt auf einen Prozess, allen Menschen ein höheres Maß an Selbstbestimmung über ihre Gesundheit zu ermöglichen und sie damit zur Stärkung ihrer Gesundheit zu befähigen. In diesem Sinne ist die Gesundheit als ein wesentlicher Bestandteil des alltäglichen Lebens zu verstehen und nicht als vorrangiges Lebensziel. Gesundheit steht für ein positives Konzept, das in gleicher Weise die Bedeutung sozialer und individueller Ressourcen für die Gesundheit betont wie die körperlichen Fähigkeiten.

Präsentismus

Krank zur Arbeit gehen, mit der Folge verdeckter Produktivitäts- und Qualitätsverluste, bedingt durch eingeschränkte Leistungsfähigkeit der Anwesenden, sei es durch körperliche oder psychische Leiden.

Prävention
Erfasst insbesondere die Aufdeckung von Fehlbeanspruchungen und Leistungsveränderungen sowie die Vermeidung von arbeitsbedingten Gesundheitsgefahren, gesundheitlichen Beeinträchtigungen und arbeitsbedingten Erkrankungen.

Psychische Belastungen
Werden als Gesamtheit aller Einflüsse definiert, die von außen auf die Beschäftigten zukommen und einwirken (DIN EN ISO 10075 Teil 1).

Ressourcen
Ressourcen sind Eigenschaften eines Arbeitssystems, die gesundheitsförderlich wirken können und für kurze Zeit Überforderungen zu kompensieren in der Lage sind.

Sozialkapital
Bezeichnet im engeren Sinne das soziale Vermögen einer Organisation, d. h. Umfang und Qualität der internen Vernetzung, den Vorrat gemeinsamer Überzeugungen, Werte und Regeln sowie die Qualität der Menschenführung. Investitionen in das Sozialkapital stärken die sozialen Beziehungen und dienen der Vertrauensbildung.

Verhaltensprävention
Bezieht sich ausschließlich auf Änderungen des Gesundheitsbewusstseins der Beschäftigten und auf die Modifikation individueller Verhaltensweisen.

Verhältnisprävention
Umfasst Maßnahmen bzw. Interventionen des BGM, die sich auf Änderungen von Arbeitsbedingungen und Organisationsrahmenbedingungen beziehen.

Literatur- und Internethinweise

Literatur

Antonovsky, Aaron (1997): Salutogenese. Zur Entmystifizierung der Gesundheit, Tübingen.

Badura, Bernhard/Ritter, Wolfgang/Scherf, Michael (1999): Betriebliches Gesundheitsmanagement – ein Leitfaden für die Praxis, Hans-Böckler-Stiftung (Hg.), Berlin.

Badura, Bernhard/Hehlmann, Thomas (Hg.) (2003): Betriebliche Gesundheitspolitik. Der Weg zu einer gesunden Organisation, 1. Aufl., Berlin/Heidelberg.

Badura, Bernhard/Greiner, Wolfgang/Rixgens, Petra/Ueberle, Max/Behr, Martina (2008a): Sozialkapital. Grundlage von Gesundheit und Unternehmenserfolg, Berlin/Heidelberg.

Badura, Bernhard/Schröder, Helmut/Vetter, Christian (Hg.) (2008b): Fehlzeitenreport 2007. Arbeit, Geschlecht und Gesundheit, Berlin/Heidelberg.

Badura, Bernhard/Schröder, Helmut/Vetter, Christian (Hg.) (2009a): Fehlzeitenreport 2008. Betriebliches Gesundheitsmanagement: Kosten und Nutzen, Berlin/Heidelberg.

Badura, Bernhard/Steinke, Mika (2009): Betriebliche Gesundheitspolitik in der Verwaltung von Kommunen. Hans-Böckler-Stiftung (Hg.), Düsseldorf, Download unter http://www.boeckler.de/pdf_fofS-2008-123-4-1.pdf.

Badura, Bernhard/Walter, Uta/Hehlmann, Thomas (Hg.) (2010): Betriebliche Gesundheitspolitik. 2. Aufl., Berlin/Heidelberg.

Bamberg, Eva/Ducki, Antje/Metz, Anna-Marie (Hg.) (2011): Gesundheitsförderung und Gesundheitsmanagement in der Arbeitswelt. Ein Handbuch, Göttingen.

Bertelsmann Stiftung/Hans-Böckler-Stiftung (Hg.) (2004): Zukunftsfähige betriebliche Gesundheitspolitik, Gütersloh.

Britschgi, Sigrid (2011): Betriebliches Eingliederungsmanagement, 2. Aufl., Frankfurt am Main.

Can, Sabine (2012): Betriebliches Gesundheitsmanagement. Die Stadt München investiert in die Zukunft, in: DGUV faktor arbeitsschutz 1/2012, S. 6–8.

Dau, Dirk/Düwell, Franz Josef/Haines, Hartmut (Hg.) (2009): Sozialgesetzbuch IX. Rehabilitation und Teilhabe behinderter Menschen. 2. Aufl., Baden-Baden.

Debitz, Uwe/Gruber, Harald/Richter, Gabriele (2007): Erkennen, Beurteilen und Verhüten von Fehlbeanspruchungen, 4. Aufl., Bochum.

Demerouti, Evangelia et al. (Hg.) (2012): Psychische Belastung und Beanspruchung am Arbeitsplatz, inklusive Din EN ISO 10075–1 bis 3, Berlin.

Düwell, Franz Josef/Göhle-Sander, Kristina/Kohte, Wolfhard (2009): jurisPK-Vereinbarkeit von Beruf und Familie, Saarbrücken.

Eberhardt, Beate/Feldes, Werner/Grundwald, Bernhard/Ritz, Hans-Günther (2011): Tipps für die betriebliche Vertretung behinderter Menschen. Aufgaben – Rechte – Kompetenzen, Frankfurt am Main.

Faber, Ulrich (2004): Arbeitsschutzrechtliche Grundpflichten des § 3 ArbSchG: Organisations- und Verfahrenspflichten, materiellrechtliche Maßstäbe und die rechtlichen Instrumente ihrer Durchsetzung, Berlin.

Faber, Ulrich/Blume, Andreas (2001): Recht im Arbeitsschutz. Aufgaben, Organisation und Haftung im Arbeits- und Gesundheitsschutz, BIT (Hg.), Bochum.

Faller, Gudrun (Hg.) (2012): Lehrbuch Betriebliche Gesundheitsförderung, 2. Aufl., Bern.

Gaul, Björn (2013): Leistungsdruck, psychische Belastung & Stress, in: Der Betrieb 1/2 2013, S. 60–65.

Giesert, Marianne/Geißler, Heinrich (2003): Betriebliche Gesundheitsförderung, Reihe Betriebs- und Dienstvereinbarungen, Hans-Böckler-Stiftung (Hg.), Frankfurt am Main.

Göben, Ferdinand (2003): Betriebliche Gesundheitspolitik, Reihe Betriebs- und Dienstvereinbarungen, Hans-Böckler-Stiftung (Hg.), Frankfurt am Main.

Gümbel, Michael (2012): Betriebsvereinbarungen zur Umsetzung der DGUV Vorschrift 2 – Betriebsärzte und Fachkräfte für Arbeitssicherheit, Hans-Böckler-Stiftung (Hg.), Düsseldorf, Download unter http://www.boeckler.de/betriebsvereinbarungen.

Haubl, Rolf/Voß, G. Günter (2008): Psychosoziale Kosten turbulenter Veränderungen. Arbeit und Leben in Organisationen 2008, Kassel.

IG Metall Projekt Gute Arbeit (Hg.) (2007): Handbuch Gute Arbeit. Handlungshilfen und Materialien für die Praxis, Hamburg.

Kiesche, Eberhard (2009): Arbeitsmedizinische Vorsorgeuntersuchungen, Reihe Betriebs- und Dienstvereinbarungen/Kurzauswertung, Hans-Böckler-Stiftung (Hg.), Download unter http://www.boeckler.de/pdf/mbf_bvd_arbmed_vorsorge.pdf.

Kiesche, Eberhard (2010): Krankenrückkehrgespräche und Fehlzeitenmanagement, Reihe Betriebs- und Dienstvereinbarungen/Kurzauswertung, Hans-Böckler-Stiftung (Hg.), Download unter http://www.boeckler.de/pdf/mbf_bvd_krankenrueckkehrgespraeche.pdf.

Kiesche, Eberhard/Wilke, Matthias (2008): Die Wiederentdeckung der Fehlzeitenstatistik, in: Computer und Arbeit, Heft 8/2008, 49–52.

Kiper, Manuel (2013): Gestaltung von Arbeitsstätten durch Mitbestimmung, Reihe Betriebs- und Dienstvereinbarungen, Hans-Böckler-Stiftung (Hg.), Frankfurt am Main.

Kohte, Wolfhard (2008a): Rechtliche Grundlagen und Urteile zur Prävention, in: Giesert, Marianne (Hg.) (2008): Prävention: Pflicht & Kür, Hamburg, S. 37 ff.

Kohte, Wolfhard (2008b): Betriebliche Gesundheitsförderung – vom Stahlwerk in die Schule, in: Weber, Andreas (Hg.) (2008): Gesundheit – Arbeit – Rehabilitation, Regensburg.

Kohte, Wolfhard (2010): Das betriebliche Eingliederungsmanagement – Ein doppelter Suchprozess, in: WSI-Mitteilungen 7/2010, S. 374 ff.

Kollmer, Norbert/Klindt, Thomas (2010): ArbSchG. Arbeitsschutzgesetz. Kommentar, 2. Aufl., München.

Luxemburger Deklaration zur betrieblichen Gesundheitsförderung in der Europäischen Union, Download unter http://www.netzwerk-unternehmen-fuer-gesundheit.de.

Meister-Scheufelen, Gisela (2012): Gesundheitsmanagement in der öffentlichen Verwaltung, in: Die öffentliche Verwaltung, Heft 1/2012, 16–20.

Müller, Mareike (2010): Gesundheitsschutz und Gesundheitsförderung im Sozial- und Erziehungsdienst, in: der Personalrat 1/2010, 7–12.

Münch, Eckhard/Walter, Uta/Badura, Bernhard (2004): Führungsaufgabe Gesundheitsmanagement, 2. Aufl., Berlin.

Nationale Arbeitsschutzkonferenz (Hg.) (2012): Leitlinie Beratung und Überwachung bei psychischer Belastung am Arbeitsplatz, Stand: 24. September 2012, Download unter http://www.gda-portal.de.

Nebe, Katja (2011): Individueller Anspruch auf Durchführung eines BEM-Verfahrens, Download unter http://www.reha-recht.de.

Nielbock, Sonja/Gümbel, Michael (2009): Arbeitsbedingungen beurteilen – Geschlechtergerecht. Gender Mainstreaming in der Gefährdungsbeurteilung psychischer Belastungen, Düsseldorf.

Oberberg, Max/Schoof, Christian (2012a): Die Einigungsstelle im Arbeits- und Gesundheitsschutz, in: AiB 9/2012, S. 533–537.

Oberberg, Max/Schoof, Christian (2012b): Initiativ-Mitbestimmung beim Gesundheitsschutz, in: AiB 9/2012, S. 524.

Oppolzer, Alfred (2010): Gesundheitsmanagement im Betrieb. Integration und Koordination menschengerechter Gestaltung der Arbeit, 2. Aufl., Hamburg.

Petersen, Jens/Wahl-Wachendorf (Hg.) (2009): Praxishandbuch Arbeitsmedizin. Fakten – Besonderheiten – Praxis, Stuttgart.

Pieck, Nadine (2012): Betriebliches Gesundheitsmanagement fällt nicht vom Himmel, Hans-Böckler-Stiftung (Hg.), 2. Aufl., Düsseldorf.

Piper, Ralf (2012): ArbSchR – Arbeitsschutzrecht, Kommentar für die Praxis, 5. Aufl., Frankfurt am Main.

Reusch, Jürgen (2012): IG Metall hat eine Anti-Stress-Verordnung vorgelegt, in: Gute Arbeit 7/8, 5–8.

Richter, Gabriele/Friesenbichler, Herbert/Vanis, Margot (2009): Psychische Belastungen – Checklisten für den Einstieg, 3. Aufl., Bochum.

Romahn, Regine (2010): Betriebliches Eingliederungsmanagement, Reihe Betriebs- und Dienstvereinbarungen, Hans-Böckler-Stiftung (Hg.), Frankfurt am Main.

Schimanski, Werner (2006): Gesundheitsförderung als Aufgabe der Schwerbehindertenvertretung, in: Behindertenrecht 5/2006, S. 122–130.

Steinke, Mika/Badura, Bernhard (2011): Präsentismus. Ein Review zum Stand der Forschung, BAuA (Hg.), Dortmund/Berlin/Dresden.

Walter, Uta (2007): Qualitätsentwicklung durch Standardisierung – am Beispiel des Betrieblichen Gesundheitsmanagements, Dissertation Universität Bielefeld, https://pub.uni-bielefeld.de.

WHO (Hg.) (1986): Ottawa-Charta 1986 zur Gesundheitsförderung, Ottawa 1986.

Wolmerath, Martin/Esser, Axel (Hg.) (2012): Werkbuch Mobbing. Offensive Methoden gegen psychische Gewalt am Arbeitsplatz, Frankfurt am Main.

Internethinweise

Die Seiten der Bundesanstalt für Arbeitsschutz und Arbeitsmedizin halten vielfältige Informationen zur Arbeitszeitgestaltung aus arbeitswissenschaftlicher Sicht bereit:
www.baua.de und *http://www.gefaehrdungsbeurteilung.de/de*

Studiengang Betriebliches Gesundheitsmanagement an der Universität Bielefeld: *www.bgm-bielefeld.de/index.php?page=1*

Häufig gestellte Fragen und Antworten der DGUV zur DGUV V2 Einsatzzeiten von Betriebsärzten und Fachkräften für Arbeitssicherheit:
www.dguv.de

Deutsches Netzwerk für Betriebliche Gesundheitsförderung (DNBGF):
www.dnbgf.de

Europäisches Netzwerk für betriebliche Gesundheitsförderung (ENWHP):
www.enwhp.org

Entscheidungen des Bundesarbeitsgerichts zu Urteilen und Beschlüssen des BAG im laufenden und den zurückliegenden vier Jahren:
www.bundesarbeitsgericht.de

ergo-online, Informationsdienst für Arbeit und Gesundheit. Ausführliche Hinweise zu Ergonomie, Gesundheitsschutz, Arbeitsschutz:
www.ergo-online.de

Gemeinsame Deutsche Arbeitsschutzstrategie (GDA), eine auf Dauer angelegte konzertierte Aktion von Bund, Ländern und Unfallversicherungsträgern zur Stärkung von Sicherheit und Gesundheit am Arbeitsplatz, mit Leitlinien u. a. zur Gefährdungsbeurteilung:
www.gda-portal.de/de/Startseite.html

infoline Gesundheitsförderung, ein Informationsdienst des hessischen RKW-Arbeitskreises »Gesundheit im Betrieb«: *www.infoline-gesundheits-foerderung.de/go/id/gpu*

Verband deutscher Betriebs- und Werksärzte e. V. (VDBW), Berufsverband Deutscher Arbeitsmediziner: *www.vdbw.de*

Initiative Gesundheit und Arbeit (iga), Initiative zur Abstimmung des Vorgehens von Unfall- und Krankenversicherung: *www.iga-info.de*

Initiative Neue Qualität der Arbeit (INQA), Geschäftsstelle Berlin: *www.inqa.de*

Institut der Deutschen Wirtschaft mit laufend aktualisierter Sammlung von Integrationsvereinbarungen: *www.rehadat.de*

WIdO – Das Wissenschaftliche Institut der AOK mit Fehlzeitenreports: *www.wido.de/fzreport.html*

Leitfaden Prävention – Handlungsfelder und Kriterien des GKV-Spitzenverbandes zur Umsetzung von §§ 20 und 20a SGB V vom 27. 8. 2010: *www.bmg.bund.de*

Das Archiv Betriebliche Vereinbarungen der Hans-Böckler-Stiftung

Die Hans-Böckler-Stiftung verfügt über die bundesweit einzige bedeutsame Sammlung betrieblicher Vereinbarungen, die zwischen Unternehmensleitungen und Belegschaftsvertretungen abgeschlossen werden. Derzeit enthält unser Archiv etwa 14 000 Vereinbarungen zu ausgewählten betrieblichen Gestaltungsfeldern.

Unsere breite Materialgrundlage erlaubt Analysen zu betrieblichen Gestaltungspolitiken und ermöglicht Aussagen zu Trendentwicklungen der Arbeitsbeziehungen in deutschen Betrieben.

Regelmäßig werten wir betriebliche Vereinbarungen in einzelnen Gebieten aus. Leitende Fragen dieser Analysen sind: Wie haben die Akteure die wichtigsten Aspekte geregelt? Welche Anregungen geben die Vereinbarungen für die Praxis? Wie ändern sich Prozeduren und Instrumente der Mitbestimmung? Existieren ungelöste Probleme und offene Fragen? Die Analysen betrieblicher Vereinbarungen zeigen, welche Regelungsweisen und -verfahren in Betrieben bestehen. Die Auswertungen verfolgen dabei nicht das Ziel, Vereinbarungen zu bewerten, denn die Hintergründe und Strukturen in den Betrieben und Verwaltungen sind uns nicht bekannt. Ziel ist es, betriebliche Regelungspraxis abzubilden, Trends aufzuzeigen und Gestaltungshinweise zu geben.

Bei Auswertungen und Zitaten aus Vereinbarungen wird streng auf Anonymität geachtet. Die Kodierung am Ende eines Zitats bezeichnet den Standort der Vereinbarung in unserem Archiv und das Jahr des Abschlusses. Zum Text der Vereinbarungen haben nur Mitarbeiterinnen des Archivs und Autorinnen und Autoren Zugang.

Zusätzlich zu diesen Auswertungen werden vielfältige anonymisierte Auszüge aus den Vereinbarungen auf der beiliegenden CD-ROM und der Online-Datenbank im Internetauftritt der Hans-Böckler-Stiftung zusammengestellt. Damit bieten wir anschauliche Einblicke in die Regelungspraxis, um eigene Vorgehensweisen und Formulierungen anzuregen. Darüber hinaus gehen wir in betrieblichen Fallstudien gezielt Fragen nach, wie die abgeschlossenen Vereinbarungen umgesetzt werden und wie die getroffenen Regelungen in der Praxis wirken.

Das Internetangebot des Archivs Betriebliche Vereinbarungen ist unmittelbar zu erreichen unter *www.boeckler.de/betriebsvereinbarungen.*

Anfragen und Rückmeldungen richten Sie bitte an *betriebsvereinbarung @boeckler.de* oder direkt an

Dr. Manuela Maschke
0211-7778-224, E-Mail: Manuela-Maschke@boeckler.de
Jutta Poesche
0211-7778-288, E-Mail: Jutta-Poesche@boeckler.de
Henriette Pohler
0211-7778-167, E-Mail: Henriette-Pohler@boeckler.de
Nils Werner
0211-7778-129, E-Mail: Nils-Werner@boeckler.de

Stichwortverzeichnis

Reihe Betriebs- und Dienstvereinbarungen

Bereits erschienen:

Eberhard Kiesche **Betriebliches Gesundheitsmanagement**	978-3-7663-6274-2	2013
Andrea Jochmann-Döll · Karin Tondorf **Betriebliche Entgeltpolitik für Frauen und Männer**	978-3-7663-6288-9	2013
Ingo Hamm **Flexible Arbeitszeiten – Kontenmodelle**	978-3-7663-6285-8	2013
Regine Rohman **Gefährdungsbeurteilungen**	978-3-7663-6273-5	2013
Gerlinde Vogl · Gerd Nies **Mobile Arbeit**	978-3-7663-6271-1	2013
Manuel Kiper **Gestaltung von Arbeitsstätten durch Mitbestimmung**	978-3-7663-6217-9	2013
Karl-Hermann Böker · Ute Demuth **IKT-Rahmenvereinbarungen**	978-3-7663-6208-7	2012
Manuela Maschke · Gerburg Zurholt **Chancengleich und familienfreundlich**	978-3-7663-6095-3	2012
Gerd Busse · Winfried Heidemann **Betriebliche Weiterbildung**	978-3-7663-6207-0	2012
Karl-Hermann Böker · Christiane Lindecke **Flexible Arbeitszeit – Langzeitkonten**	978-3-7663-6215-5	2012
Detlef Ullenboom **Toleranz, Respekt und Kollegialität**	978-3-7663-6190-5	2012
Rudi Rupp **Restrukturiertungsprozesse in Betrieben und Unternehmen**	978-3-7663-6206-3	2012
Michaela Dälken **Managing Diversity**	978-3-7663-6204-9	2012
Thomas Breisig **Grundsätze und Verfahren der Personalbeurteilung**	978-3-7663-6117-2	2012
Kerstin Hänecke · Hiltraud Grzech-Sukalo **Kontinuierliche Schichtsysteme**	978-3-7663-6174-5	2012
Marianne Giesert · Adelheid Weßling Fallstudien **Betriebliches Eingliederungsmanagement in Großbetrieben**	978-3-7663-6118-9	2012
Sven Hinrichs **Personalauswahl und Auswahlrichtlinien**	978-3-7663-6116-5	2011
Edgar Rose · Roland Köstler **Mitbestimmung in der Europäischen Aktiengesellschaft (SE)**	978-3-7663-6088-5	2011

Hiltraud Grzech-Sukalo · Kerstin Hänecke **Diskontinuierliche Schichtsysteme**		978-3-7663-6061-8	2011
Nikolai Laßmann · Rudi Rupp **Beschäftigungssicherung**		978-3-7663-6076-2	2010
Regine Romahn **Betriebliches Eingliederungsmanagement**		978-3-7663-6071-7	2010
Gerd Busse · Claudia Klein **Duale Berufsausbildung**		978-3-7663-6067-0	2010
Karl-Hermann Böker **Zeitwirtschaftssysteme**		978-3-7663-3942-3	2010
Detlef Ullenboom **Freiwillige betriebliche Sozialleistungen**		978-3-7663-3941-6	2010
Nikolai Laßmann · Dietmar Röhricht **Betriebliche Altersversorgung**		978-3-7663-3943-0	2010
Marianne Giesert **Zukunftsfähige Gesundheitspolitik im Betrieb**	Fallstudien	978-3-7663-3798-6	2010
Thomas Breisig **AT-Angestellte**		978-3-7663-3944-7	2010
Reinhard Bechmann **Qualitätsmanagement und kontinuierlicher Verbesserungsprozess**		978-3-7663-6012-0	2010
Berthold Göritz · Detlef Hase · Nikolai Laßmann · Rudi Rupp **Interessenausgleich und Sozialplan**		978-3-7663-6013-7	2010
Thomas Breisig **Leistung und Erfolg als Basis für Entgelte**		978-3-7663-3861-7	2009
Sven Hinrichs **Mitarbeitergespräch und Zielvereinbarung**		978-3-7663-3860-0	2009
Christine Zumbeck **Leiharbeit und befristete Beschäftigung**		978-3-7663-3859-4	2009
Karl-Hermann Böker **Organisation und Arbeit von Betriebs- und Personalräten**		978-3-7663-3884-6	2009
Ronny Heinkel **Neustrukturierung von Betriebsratsgremien nach § 3 BetrVG**		978-3-7663-3885-3	2008
Christiane Lindecke **Flexible Arbeitszeiten im Betrieb**	Fallstudien	978-3-7663-3800-6	2008
Svenja Pfahl · Stefan Reuyß **Gelebte Chancengleichheit im Betrieb**	Fallstudien	978-3-7663-3799-3	2008
Karl-Hermann Böker **E-Mail-Nutzung und Internetdienste**		978-3-7663-3858-7	2008
Ingo Hamm **Flexible Arbeitszeit – Kontenmodelle**		978-3-7663-3729-0	2008
Werner Nienhüser · Heiko Hoßfeld **Verbetrieblichung aus der Perspektive betrieblicher Akteure**	Forschung für die Praxis	978-3-7663-3905-8	2008
Martin Renker **Geschäftsordnungen von Betriebs- und Personalräten**		978-3-7663-3732-0	2007

Englische Ausgabe **Integrating Foreign National Employees**		987-3-7663-3753-5	2007
Karl Hermann Böker **Flexible Arbeitszeit – Langzeitkonten**		978-3-7663-3731-3	2007
Hartmut Klein-Schneider **Flexible Arbeitszeit – Vertrauensarbeitszeit**		978-3-7663-3725-2	2007
Regine Romahn **Eingliederung von Leistungsveränderten**		978-3-7663-3752-8	2007
Robert Kecskes **Integration und partnerschaftliches Verhalten**	Fallstudien	978-3-7663-3728-3	2006
Manuela Maschke · Gerburg Zurholt **Chancengleich und familienfreundlich**		978-3-7663-3726-2	2006
Edgar Bergmeier · Andreas Hoppe **Personalinformationssysteme**		978-3-7663-3730-6	2006
Regine Romahn **Gefährdungsbeurteilungen**		978-3-7663-3644-4	2006
Reinhild Reska **Call Center**		978-3-7663-3727-0	2006
Englische Ausgabe **Occupational Health Policy**		978-3-7663-3753-5	2006
Gerd Busse · Winfried Heidemann **Betriebliche Weiterbildung**		978-3-7663-3642-8	2005
Englische Ausgabe **European Works Councils**		978-3-7663-3724-6	2005
Berthold Göritz · Detlef Hase · Anne Krehnker · Rudi Rupp **Interessenausgleich und Sozialplan**		978-3-7663-3686-X	2005
Maria Büntgen **Teilzeitarbeit**		978-3-7663-3641-X	2005
Werner Nienhüser · Heiko Hoßfeld **Bewertung von Betriebsvereinbarungen durch Personalmanager**	Forschung für die Praxis	978-3-7663-3594-4	2004
Hellmut Gohde **Europäische Betriebsräte**		978-3-7663-3598-7	2004
Semiha Akin · Michaela Dälken · Leo Monz **Integration von Beschäftigten ausländischer Herkunft**		978-3-7663-3569-3	2004
Karl-Hermann Böker **Arbeitszeiterfassungssysteme**		978-3-7663-3568-5	2004
Heinz Braun · Christine Eggerdinger **Sucht und Suchtmittelmissbrauch**		978-3-7663-3533-2	2004
Barbara Jentgens · Lothar Kamp **Betriebliches Verbesserungsvorschlagswesen**		978-3-7663-3567-7	2004
Wilfried Kruse · Daniel Tech · Detlef Ullenboom **Betriebliche Kompetenzentwicklung***	Fallstudien	978-3-935145-57-8	2003
Judith Kerschbaumer · Martina Perreng **Betriebliche Altersvorsorge**		978-3-9776-3514-6	2003
Frank Havighorst · Susanne Gesa Umland **Mitarbeiterkapitalbeteiligung**		978-3-7663-3516-2	2003

Barbara Jentgens · Heinzpeter Höller **Telekommunikationsanlagen**	978-3-7663-3515-4	2003
Karl-Hermann Böker **EDV-Rahmenvereinbarungen**	978-3-7663-3519-7	2003
Marianne Giesert · Heinrich Geißler **Betriebliche Gesundheitsförderung**	978-3-7663-3524-3	2003
Ferdinand Gröben **Betriebliche Gesundheitspolitik**	978-3-7663-3523-5	2003
Werner Killian · Karsten Schneider **Umgestaltung des öffentlichen Sektors**	978-3-7663-3520-0	2003
Hartmut Klein-Schneider **Personalplanung***	978-3-935145-19-5	2001
Winfried Heidemann Hrsg. **Weiterentwicklung von Mitbestimmung im Spiegel betrieblicher Vereinbarungen***	978-3-935145-17-9	2000
Hans-Böckler-Stiftung **Beschäftigung – Arbeitsbedingungen – Unternehmensorganisation***	978-3-935145-12-8	2000
Englische Ausgabe **Employment, working conditions and company organisation***	978-3-935145-12-6	2000
Lothar Kamp **Telearbeit***	978-3-935145-01-2	2000
Susanne Gesa Umland · Matthias Müller **Outsourcing***	978-3-935145-08-X	2000
Renate Büttner · Johannes Kirsch Bündnisse für Arbeit im Betrieb*	Fallstudien 978-3-928204-77-7	1999
Winfried Heidemann **Beschäftigungssicherung***	978-3-928204-80-7	1999
Hartmut Klein-Schneider **Flexible Arbeitszeit***	978-3-928204-78-5	1999
Siegfried Leittretter **Betrieblicher Umweltschutz***	978-3-928204-77-7	1999
Lothar Kamp **Gruppenarbeit***	978-3-928204-77-7	1999
Hartmut Klein-Schneider **Leistungs- und erfolgsorientiertes Entgelt***	978-3-928204-97-4	1998

Die in der Liste nicht gekennzeichneten Buchtitel gehören insgesamt zu den »Analysen und Handlungsempfehlungen«.

Die mit einem *Sternchen gekennzeichneten Bücher sind über den Buchhandel (ISBN) oder den Setzkasten per Mail: mail@setzkasten.de (Bestellnummer) erhältlich. Darüber hinaus bieten wir diese Bücher als kostenfreie Pdf-Datei im Internet an: www.boeckler.de.